江苏省智慧工地建设与实践培训教材

江苏省建筑行业协会
江苏省智慧工地推进办公室 编

中国建筑工业出版社

图书在版编目（CIP）数据

江苏省智慧工地建设与实践培训教材／江苏省建筑行业协会，江苏省智慧工地推进办公室编．—北京：中国建筑工业出版社，2022.11
ISBN 978-7-112-28059-9

Ⅰ.①江… Ⅱ.①江… ②江… Ⅲ.①建筑施工—智能控制—江苏—技术培训—教材 Ⅳ.①TU7-39

中国版本图书馆CIP数据核字（2022）第200386号

随着智能技术发展，特别是互联网、物联网和数字技术加速应用，推进智慧工地建设已成为加快江苏省建造方式转型升级的突破口和着力点，助力建筑业高质量发展的重要路径，实现施工安全生产治理体系与能力现代化的重要方法。

本教材结合江苏省在智慧工地建设的经验和成果，对江苏省自2017年开展智慧工地建设以来的工作思路、方法、路径及效果进行总结，并在此基础上，结合智能建造及“新基建”的发展趋势，为后续智慧工地发展探讨提供依据。

责任编辑：葛又畅　李　慧
书籍设计：锋尚设计
责任校对：李美娜

江苏省智慧工地建设与实践培训教材
江苏省建筑行业协会
江苏省智慧工地推进办公室　编
*
中国建筑工业出版社出版、发行（北京海淀三里河路9号）
各地新华书店、建筑书店经销
北京锋尚制版有限公司制版
北京京华铭诚工贸有限公司印刷
*
开本：850毫米×1168毫米　1/16　印张：8¼　字数：242千字
2022年11月第一版　2022年11月第一次印刷
定价：**80.00**元
ISBN 978-7-112-28059-9
（40186）

江苏省智慧工地建设与实践培训教材编审委员会

江苏省智慧工地建设与实践培训教材编写人员

主　编： 殷会玲　张并锐

参与编写人员：（按姓氏笔画排名）

叶　嵩　皮安良　杨传荣　张风格　张雪萍　周贤阳

姜　成　姜太平　袁宏波　袁高举　徐　卓　徐　宏

郭　松　唐家杰　黄　景　程　琳

前言

2022年4月，中央全面深化改革委员会第二十五次会议审议通过了《关于加强数字政府建设的指导意见》，习近平总书记主持会议时强调，要全面贯彻网络强国战略，把数字技术广泛应用于政府管理服务，推动政府数字化、智能化运行，为推进国家治理体系和治理能力现代化提供有力支撑。

近年来，建筑业作为国民经济发展的支柱性产业，其数字化转型的宏观调控与传统的企业管理模式之间的矛盾日益凸显。多部委相继发文，引导鼓励建筑企业争做智慧建造、技术创新、绿色环保等示范标杆。同时，“新基建”正成为国家政策和各地方高质量发展的重要抓手、拉动经济增长的新亮点。“新基建”短期有助于稳增长、稳就业，长期有助于培育新经济、新技术、新产业，打造中国经济新引擎，是兼顾短期扩大有效需求和长期扩大有效供给的重要抓手，是应对经济下行压力和高质量发展的有效办法。“新基建”是有时代烙印的，如果说20年前中国经济的“新基建”是铁路、公路、桥梁、机场，那么未来20年支撑中国经济社会繁荣发展的“新基建”则是新一代信息技术、人工智能、数据中心、新能源、充电桩、特高压、工业互联网等科技创新领域基础设施，涉及诸多产业链，是以新发展为理念，以技术创新为驱动，以信息网络为基础，面向高质量发展需要，提供数字转型、智能升级、融合创新等服务的基础设施体系。

当然，在一般基础设施领域，须注重通过数字化改造和升级进行基础设施建设。建设“新基建”，关键在“新”，用改革创新的方式推动新一轮基础设施建设，而不是重走老路。2020年4月，国家发展和改革委员会提出“新基建”主要包括三类：一是信息基础设施，如5G、物联网、人工智能等；二是融合基础设施，即新技术和传统基建的融合，如智能交通系统、智慧能源系统等；三是创新基础设施，即用于支持科技创新的基础设施，如大科学装置、科教基础设施等。根据习近平总书记的讲话精神，以及“新基建”战略的导向指引，建筑行业需要进一步加快自身数字化转型的速度，全面提升工程质量安全水平，降低成本、提高效率，推动建筑业高质量发展。

2017年，国务院办公厅印发《国务院办公厅关于促进建筑业持续健康发展的意见》（国办发〔2017〕19号），加快建造智能设备、BIM技术的研发、推广和集成应用，为项目方案优化和科学决策提供依据，促进建筑业提质增效。2017年10月，江苏省住房和城乡建设厅出台了《江苏建造2025行动纲要》，明确了以“精益建造、数字建造、绿色建造、装配式建造”为主的建造方式变革路径，其中，数字建造强调要推动传统工程建造向信息化、集成化、智能化发展，实现建造全过程的数字化，为建筑产品全生命周期的运维管理提供技术支撑，为最终实现智能建造打下基础。“BIM＋智慧工地”的落地应用要求应运而生。从2017年开始，江苏省正式开展了“BIM+智慧工地”建设的实践与探索。

2020年7月，住房和城乡建设部、国家发展和改革委员会、科学技术部等十三部门联合发布《关于推动智能建造与建筑工业化协同发展的指导意见》（建市〔2020〕60号），明确提出要通过加快推动智能建造与建筑工业化协同发展，集成5G、人工智能、物联网等新技术，形成涵盖科研、设计、生产加工、施工装配、运营维护等全产业链融合一体的智能建造产业体系，走出一条内涵集约式高质量发展新路。

2021年3月，《中华人民共和国国民经济和社会发展第十四个五年规划和2035年远景目标纲要》指出以数字化、智能化升级为动力，加大智能建造在工程建设各环节应用，实现建筑业转型升级和持续健康发展。2022年1月，住房和城乡建设部印发的《“十四五”建筑业发展规划》指出以推动智能建造与新型建筑工业化协同发展为动力，加快建筑业转型升级，实现绿色低碳发展，切实提高发展质量和效益。该规划明确了“十四五”时期建筑业的主要任务，其中在加快智能建造与新型建筑工业化协同发展方面，指出“至2025年，建筑产业互联网平台体系初步形成，培育一批行业级、企业级、项目级平台和政府监管平台”。项目级平台是基础，行业级、企业级、监管层都需要围绕项目进行管理，以智慧工地建设为载体推广项目级建筑产业互联网平台，运用信息化手段解决施工现场实际问题，强化关键环节质量安全管控，提升工程项目建设管理水平。

在此背景下，结合江苏省在智慧工地建设的经验和成果，编写本教材，对江苏省自2017年开展智慧工地建设以来的工作思路、方法、路径及效果进行总结，并在此基础上，结合智能建造及新基建的发展趋势，为后续智慧工地发展探讨提供依据。

目录

第一章　智慧工地建设历程

随着智能技术发展，特别是互联网、物联网和数字技术加速应用，推进智慧工地建设已成为加快江苏省建造方式转型升级的突破口和着力点，助力建筑业高质量发展的重要路径，实现施工安全生产治理体系与能力现代化的重要方法。根据国家“新基建”、住房和城乡建设部《2016—2020年建筑业信息化发展纲要》要求，结合住房和城乡建设部信息化试点经验和江苏省智慧工地建设实际情况，江苏省围绕智慧城市开展智慧住建顶层设计，进一步推行精益建造、数字建造、绿色建造、装配式建造等新型建造方式，助推建筑产业优化升级，强化质量安全管理水平，实现全省智慧城市综合治理能力提升的建设目标。

主要阶段分为：近期目标，夯实建设内容，完成地市平台示范应用；远期目标，创新建设模式，形成智慧工地产业生态。

第一节　建设基础

2014年，江苏省被住房和城乡建设部确定为国家建筑产业现代化试点省份。2017年，江苏省被列为建筑施工安全监管信息化试点省份。2017年，《江苏省政府关于促进建筑业改革发展的意见》（苏政发〔2017〕151号），对新型建造方式的普及提出了明确要求。2017年，《江苏建造2025行动纲要》中明确提出，要大力推行精益建造、数字建造、绿色建造、装配式建造四种新型建造方式，促进行业健康可持续发展，保持江苏省建筑业在全国的领先地位。

目前，信息化、智能化方面的研究与应用已成为我国诸多行业的热点，建筑行业作为我国的支柱产业之一，信息化、工业化程度相对较低，相关的综合研究与应用较少。近年来，各级政府围绕施工现场智慧工地建设开展了有益的探索与尝试，并出台了相关的政策或技术规程，取得了一定的成绩。同时，围绕“人、机、料、法、环”五大要素，聚焦现场安全隐患排查，制定智慧工地数据集成对接标准及有效分析等综合研究与应用工作正在持续推进。江苏省智慧工地围绕政府主管部门、施工企业、项目部，以基于物联网的数据采集、互联网的数据集成、云平台的数据分析、大数据的辅助决策为研究目标，以智慧安全管理体系为切入点，提出三位一体智慧安监的全新概念，相应展开关键技术研究与应用。

智慧安监从字面理解包含两层含义，一是智慧化，二是安全监督管理。其内涵是指以物联网、互联网技术为基础，融合应用型信息系统、移动和智能设备等软硬件信息化技术，优化整合已有的各类安全生产监管要素和资源，以更加全面、精细、动态和科学的方式提供安全管理服务。智慧安监的外延是指一种新型的社会管理形态，代表人们对建筑业改革发展、安全发展的理念，是安全管理信息化的最新阶段。它展示的是一种集成的、绿色的、智能的、综合的管理模式。

智慧安监通过对工地现场人员、机械设备、危险性较大的分部分项工程（以下简称危大工程）

等关键环节进行实时化的数据采集、分析、处理，为安监机构、责任主体等提供安全隐患的动态识别、智能分析、主动预警等大数据服务，有效地提升管理效率。

第二节　建设过程

一、智慧工地试点过程

（一）确定试点项目

1. 出台试点文件

为贯彻落实《国务院办公厅关于促进建筑业持续健康发展的意见》《江苏省政府促进建筑业改革发展的意见》《江苏建造2025行动纲要》等文件要求，推动建筑施工安全监管标准化、信息化、智能化建设，江苏省建筑安全监督总站结合江苏省实际情况，于2018年4月11日印发《关于推进数字工地智慧安监试点建设的实施方案》（苏建安监总〔2018〕1号），决定在南京市开展数字工地智慧安监试点工作。

试点工作的目标是培育一批标准化、绿色化、信息化的数字工地；探索建立基于数字建造的智慧安全管理体系，提高建筑安全监管效率；形成江苏省数字工地智慧安监的指导意见和相关标准体系。

2. 推荐试点项目

南京市建设主管部门根据通知要求，积极组织在建工程项目进行申报。项目端结合实际情况，选择试点内容，填写试点项目申请表。根据申报项目建筑面积、工程造价、结构形式等情况和项目特点，结合项目申请的试点内容，择优进行推荐，共推荐32个项目作为试点备选项目。

3. 确定试点项目

2018年6月初，江苏省建筑安全监督总站组织有关专家对推荐的32个数字工地智慧安监申报项目实施方案进行专家论证。通过方案介绍、专家质询和集中讨论等环节，共24个申报项目基本符合《关于推进数字工地智慧安监试点建设的实施方案》要求，被确定为试点项目。

6月13日，江苏省建筑安全监督总站下达《关于公布数字工地智慧安监试点项目的通知》，公布试点项目名单。

（二）过程跟踪指导

1. 召开试点工作推进会

南京市建筑安全生产监督站召开专题推进会，省建筑安全监督总站、区安全监督机构及各前期申报试点项目相关人员参加会议。

2. 指导推进试点工作

为有力推动数字工地智慧安监试点建设工作，南京市建筑安全生产监督站组织召开了南京市数字工地智慧安监试点工作专题推进会，对试点工作进一步明确时间节点、试点总结报告、研究成果等方面的要求。

3. 调研试点推进工作

江苏省住房和城乡建设厅、南京市城乡建设委员会有关处室负责人及市安监站有关领导，对南京市数字工地智慧安监试点工作情况进行调研，检查试点工作的完成情况，了解试点过程中存在的问题，对各项目试点工作提出要求。

（三）试点项目验收

1．召开验收布置会，指导项目准备验收

2018年11月13日上午，南京市建筑安全生产监督站组织召开验收工作布置会，各试点项目责任人和技术支持单位相关人员参加。市站就验收时间和组织形式、申请验收所需材料以及评分结构做详细说明。

2．省站下达验收通知，布置验收工作

2018年11月16日，江苏省建筑安全监督总站下达《关于数字工地智慧安监试点项目验收工作的通知》（苏建安监总〔2018〕3号），对试点项目验收工作做出布置。

3．市站组织初审，上报初审结果

2018年12月6日，南京市建筑安全生产监督站组织有关人员对试点项目进行初审，并结合现场检查情况，将初审结果上报省建筑安全监督总站。

4．省站组织专家对试点项目进行正式验收

2018年12月16日—18日，江苏省建筑安全监督总站组织专家召开会议，部署验收工作，分三组对试点项目进行验收。各项目向专家演示数字工地智慧安监平台，专家进行提问、核对项目各项试点内容落实情况，并进行现场考核打分。最终24个项目均通过验收，江苏省建筑安全监督总站发布《关于公布2018年江苏省数字工地智慧安监试点项目验收结果的通知》（苏建安监总〔2018〕4号）。

二、智慧工地推广过程

2019年，结合南京市开展的24个试点项目经验，江苏省住房和城乡建设厅联合省财政厅组织开展了2019年度江苏省级绿色智慧示范工地创建工作，进一步支持和推动建筑施工安全生产信息化建设，当年下拨资金6995万元，支持全省107个绿色智慧示范工地创建。2020年4月，江苏省住房和城乡建设厅组织专家组进行了验收，95个项目通过，总体通过率88.79%。

为进一步推动智慧工地建设，江苏省住房和城乡建设厅2020年5月6日发布《省住房和城乡建设厅关于推进智慧工地建设的指导意见》（苏建质安〔2020〕78号）；5月22日发布《关于组织申报2020年度江苏省建筑施工绿色智慧示范片区、建筑工人实名制管理专项资金奖补项目的通知》（苏建质安〔2020〕87号），建筑施工绿色智慧示范片区工作启动；2020年7月发布《关于对江苏省建筑工程绿色智慧示范片区奖补资金项目申报名单的公示》，正式确定30个绿色智慧示范片区创建名单。

2020年9月，江苏省财政厅发布《关于下达2020年和收回2019年部分城乡环境品质提升专项资金预算指标的通知》（苏财建〔2020〕149号）文件，明确拨付资金标准及有关要求。各地示范片区主管部门根据文件精神，陆续启动创建工作。

针对各地在创建工作中反映的问题，为进一步加强建设过程管理工作，2020年12月，江苏省住房和城乡建设厅发布《关于统一全省建筑工程绿色智慧示范片区建设标准及加强建设过程管理的通知》（苏建函质安〔2020〕658号），统一了绿色智慧示范片区建设和验收标准，明确了加强过程管理相关要求。

2021年1月，江苏省智慧工地建设推进工作办公室（省建筑安全监督总站）根据推进工作落实要求，发布《关于报送建筑工程绿色智慧示范片区建设进展情况的通知》（苏建安监函〔2021〕2号），全面收集掌握各地创建工作相关情况。2021年3月，《关于全省建筑工程绿色智慧示范片区建设进展情况的通报》（苏建函质安〔2021〕139号），通报了全省建筑工程绿色智慧示范片区建设有关情况，对下一步工作进行部署安排。期间，定期收集各示范片区的工作落实情况，形成统计报表，推动示范片区建设。

2021年10月，江苏省住房和城乡建设厅发布《关于组织开展2020年度省级绿色智慧示范片区专项资金奖补项目验收的通知》（苏建函质安〔2021〕508号），并于2021年11月组织5个专家组对全省31个省级绿色智慧示范片区专项资金奖补项目进行了验收。2021年12月23日，江苏省住房和城乡建设厅发布《关于2020年度省级绿色智慧示范片区专项资金奖补项目验收情况的通报》（苏建函质安〔2021〕646号）。

江苏省从2018年南京市24个智慧安监项目试点起步，到2019年全省107个绿色智慧示范工地，再到2020年的31个绿色智慧示范片区创建，智慧工地建设由“点”至“面”逐步向全覆盖跨越。全省运营服务市场主体由最初几家，发展到现在的80家以上，产业链体系已具雏形，产业容量不断扩大。标准版智慧工地的建成费用由最初的百余万元下降至三十万元左右，规模效应逐渐显现。在此参考数据的基础上，江苏省于2021年6月发布《省住房和城乡建设厅关于智慧工地费用计取方法的公告》（省厅公告〔2021〕第16号），保障了智慧工地的投入。

三、智慧工地探索过程

近年来，江苏省要加快建筑业转型升级，在改革发展中继续走在全国前列，为全国建筑业改革提供更多更好的经验和样板。《江苏建造2025行动纲要》提出江苏省建筑产业现代化应以精细化、绿色化、工业化、智能化“四化融合”为核心，推动精益建造、数字建造、绿色建造、装配式建造协同发展。江苏省建筑行业协会建筑产业现代化工作委员会充分发挥了桥梁纽带作用，积极组织开展了相关主题的现场观摩、论坛、培训交流等活动：

（1）2018年9月28日，在南京举办了“信息化推动建筑产业现代化高峰论坛”，论坛设有主论坛、信息化+企业管理、BIM+项目管理、互联网+采购、信息化+智慧工地、建筑云+装配式建筑五个分论坛，进一步推动发挥信息技术在企业管理、项目管理、互联网＋建筑、物联网+建筑、智慧工地、实名制等领域运用和创新。

（2）2018年12月7日—8日，在南京举办“江苏省建筑产业信息化技术交流暨智慧工地现场观摩咨询活动”，活动分为理论学习和智慧工地示范项目观摩学习，主要宣贯、解读江苏省有关智慧工地的政策标准等相关文件精神，讲解了建筑企业信息化发展的技术路径、运用成效、前景方向等内容，还组织学员观摩了江苏省、南京市智慧工地试点项目：中建八局第三建设有限公司的南京国际博览中心三期项目智慧工地。

（3）2019年6月18日，在南京召开江苏省第二届“信息技术推动建筑产业高质量发展论坛”，论坛主要围绕“智慧工地”“智慧建造”“智慧建企”等信息化、智能化技术的推广应用等方面。

（4）2019年6月23日—24日，在南京举办“数字施工，建筑未来”高峰论坛暨“智慧工地”示范项目现场观摩活动。

（5）2019年10月29日—30日，在南京举办“江苏省建筑产业信息化技术交流暨智慧安监、智慧工地专题培训班”，培训班上解读了《江苏省建设工程智慧安监技术标准》《江苏省数字工地智慧安监实施指南》，讲解了智慧工地的应用与发展，组织观摩了智慧工地示范项目：中建八局第三建设有限公司江北人才公寓项目、南京市第九建筑安装工程有限公司风讯科创大厦项目。

（6）2019年11月14日，与苏州市住房和城乡建设局共同举办“江苏省装配式建筑技术交流暨智慧建造现场观摩活动”，观摩了虎丘C地块定销房建设项目现场。

（7）2020年11月10日，在南京举办“BIM+智慧工地数字建造应用讲座活动暨智慧工地项目观摩会”，观摩了中建八局第三建设有限公司南部新城红花—机场地区北片区基础设施项目EPC总承包项目。

（8）2021年5月26日，在南京举办了“绿色建造、数字建造技术应用交流会”，会议解读了《绿色建造技术导则（试行）》，介绍了《智慧安监应用探索》。

（9）2021年6月21日，在南京举办了“数字转型·智造未来——江苏建筑业企业家闭门研讨会”。

（10）2021年6月22日，在南京举办了“江苏建筑业数字转型创新应用大会”，大会同期观摩了装配式建筑+“智慧工地”示范项目：江苏建宇建设集团有限公司南京江北新区国际化名医中心项目。

（11）2021年11月26日，与泰州市住房和城乡建设局共同举办了“中国·泰州第二届BIM工程技术峰会”，会议同期发布了江苏省建筑行业协会团体标准——《江苏省智慧工地建设标准》。

（12）2021年12月21日，举办了“中建四局六公司昆山蒲公英智能制造加速产业园二期项目信息化管理暨绿色施工‘云’观摩活动”。

（13）2022年4月28日，在南京举办了2022年江苏“BIM+智慧工地”创新应用大会，会议总结了江苏省智慧工地的发展历程，并解读了《江苏省智慧工地建设标准》。

通过不断探索总结，《江苏省智慧工地建设标准》在原有的智慧安监的基础上增加了进度管理、质量管理和科技创新以及智慧党建的内容，在人员管理、材料管理、机械设备管理、质量进度控制、扬尘管控的基础上，结合了BIM等新技术，使智慧工地和整个项目管理全过程进一步融合，对推动智能建造起到了很好的基础作用，对确保工地安全和工程质量、提高工作效率、推动科技创新有很好的提升作用，实现了施工过程相关信息的全面感知、互联互通、智能处理和协同工作。《江苏省智慧工地建设标准》创新开辟了智慧党建模块，坚持了江苏“党旗在工地上飘扬”的特色。

第三节　建设成效

一、产出指标

根据《关于组织开展2019年度省级绿色智慧示范工地奖补资金项目验收的通知》（苏建函质安〔2020〕61号）文件要求，2020年4月份对107个绿色智慧工地项目进行了验收工作，其中有12个项目未通过验收要求，总体通过率达88.79%。省级财政奖补资金6990万元中，对通过验收项目发布奖补资金6330万元，12个未通过项目（涉及奖补资金660万元）已发布奖补资金的退还财政。项目分布情况如图1.3-1所示。

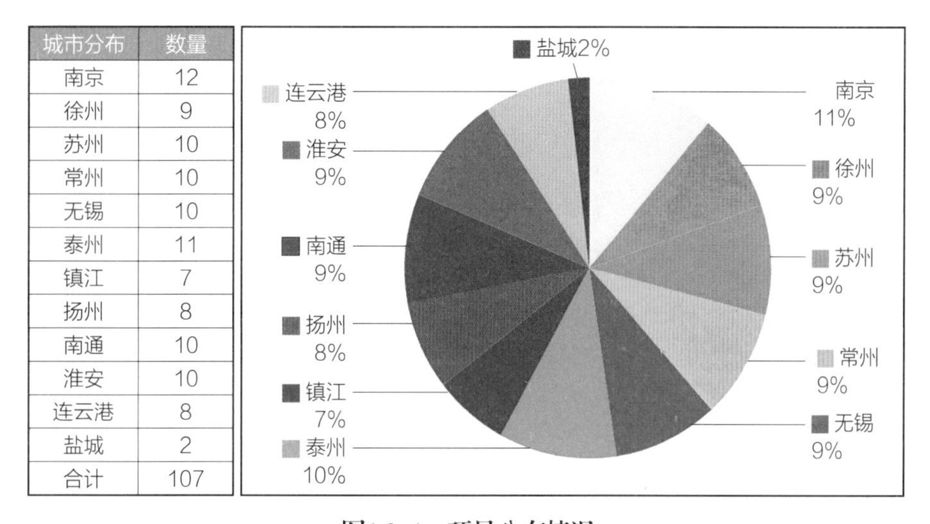

城市分布	数量
南京	12
徐州	9
苏州	10
常州	10
无锡	10
泰州	11
镇江	7
扬州	8
南通	10
淮安	10
连云港	8
盐城	2
合计	107

图1.3-1　项目分布情况

据不完全统计，在2020年31个智慧示范片区的建设过程中，除省财政奖补资金6255万，全省智慧工地投入资金总额约1.5亿，各地政府配套投入资金615.6万元，全省各示范片区累计召开各类会议126场次，发布各类文件56份。

二、效益指标

2019年度组织申报的省级绿色智慧示范工地项目中，有超过60%的项目组织了智慧工地观摩活动，树立了智能化、信息化、数字化高质量绿色智慧工地标杆。同时，组织申报的绿色智慧示范工地项目中，超过90%的项目获得了江苏省标准化星级工地（三星级）荣誉称号。

2020年31个省级绿色智慧示范片区验收评分均达70分以上，合格率100%、优良率64.5%；示范片区内建成智慧工地694个，验收抽查123个智慧工地，优良率51%，其中经各地推荐省级标准化星级工地665个，占比95.8%。

三、市场情况

2018年，江苏省住房和城乡建设厅提出在南京市开展智慧工地试点工作。24个智慧工地试点项目在加强人员管理、扬尘监控、高危作业监控等方面运用智能化管理手段，解决了人员难管理、考勤数据不准确、安全隐患等问题，推动了智慧工地健康稳步发展。2019年，在试点基础上，全省增加到107个项目，并新增了绿色施工概念模式。2020年，智慧工地项目数694个，新增了示范片区概念。在大力推动下，智慧工地集成服务市场得到了快速发展，建设成本不断下降。2018年全省24个智慧工地建设费用平均摊销6.7元/平方米，2019年107个项目平均摊销3.5元/平方米，平均摊销同比下降47.8%。智慧工地相关设备成本同步呈下降趋势，立体定位的安全帽从2017年1000元/顶降至200元/顶；人员管理中VR安全教育培训系统从2017年10万元/套降至5万元/套。

根据2019年绿色智慧示范工地建设投入统计，智慧工地项目投入在160万元之内的占87%。智慧工地项目投入占比如图1.3–2所示。

智慧工地投入成本（万元）	数量
<50	15
[50, 80]	18
（80, 100]	18
（100, 120]	21
（120, 160]	15
（160, 200]	9
（200, 230]	2
>230	2

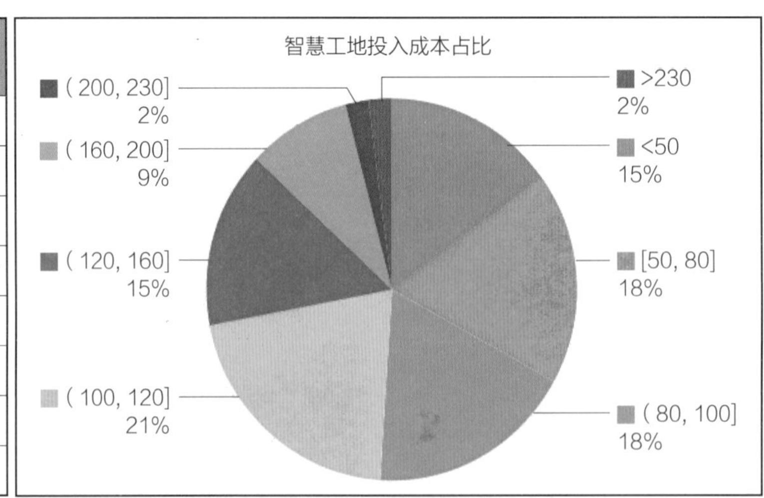

图1.3–2　智慧工地项目投入占比

另外，截至2021年底，全省在建项目数21108个，实现智慧工地建设项目数增加至1197个，新增智慧工地数量环比增加72%。如图1.3–3所示。

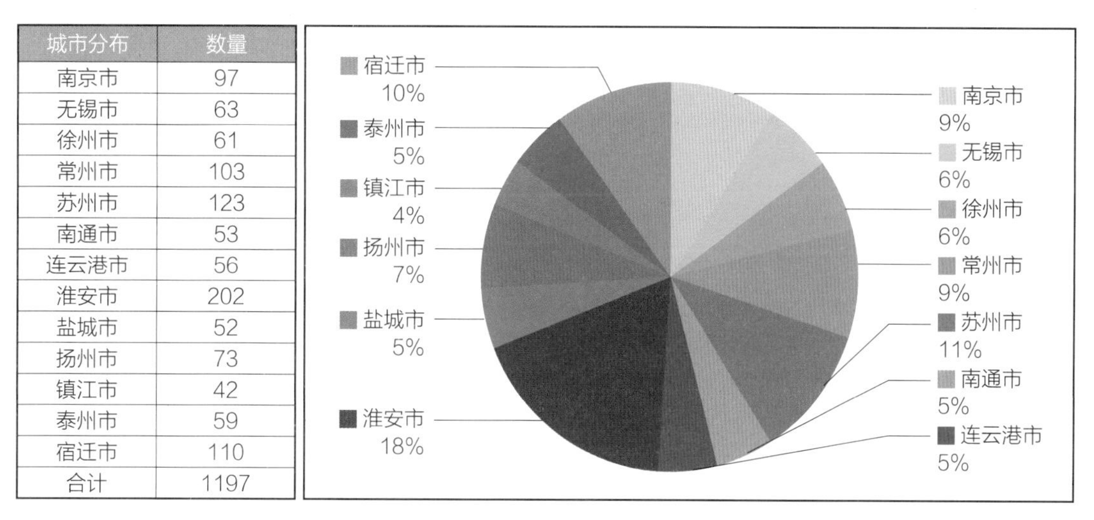

城市分布	数量
南京市	97
无锡市	63
徐州市	61
常州市	103
苏州市	123
南通市	53
连云港市	56
淮安市	202
盐城市	52
扬州市	73
镇江市	42
泰州市	59
宿迁市	110
合计	1197

图1.3–3　2021年底全省智慧工地建设项目数量情况

四、应用总结

智慧工地建设是一项长期性的系统工程，江苏省住房和城乡建设厅先后出台了一系列文件和标准，为智慧工地建设提供了基本方案和发展路径。

一是健全工作机制。要求各地提高思想认识，加强组织领导，明确推进机构，细化实化目标任务，有序有力推动具体工作落实，强化部门间的协调和联动，推动智慧工地走深走实。

二是加强顶层设计。《省住房和城乡建设厅关于推进智慧工地建设的指导意见》（苏建质安〔2020〕78号）明确了智慧工地建设的总体框架、实现目标、重点任务和下一步发展方向。江苏省《建设工程智慧安监技术标准》制定了统一的功能模块、设备参数、数据格式、平台对接以及数据看板标准，为促进各类设备、软件和系统的集成和融合，实现数据有效贯通提供保障。

三是加强技术指导。加大宣传和培训的力度，积极组织专家团队通过上门辅导、定制化服务、现场观摩等方式对创建项目进行指导和服务，鼓励企业在实现基本功能的基础上创新创优，增加特色功能模块，形成“5+1+*N*”模式，推动智慧工地从“有没有”向“优不优”转变。

四是协同推进工作。定期公布应用示范项目和优秀案例，对实施效果好的实施差别化监管，或直接推荐为省建筑施工标准化二星级以上工地。切实将智慧工地建设与日常安全监管、建筑施工标准化星级工地评选、施工企业安全生产条件评价等工作有机结合起来，把创新举措转化为常态化工作，把典型经验固化为长效制度，积极引导建筑施工企业增强智慧工地建设的自觉性和主动性。

在财政奖补资金的带动下，部分企业结合实际工作需要，开展了有特色的建设实践。在智慧工地人员安全动态管理方面，部分企业采取安全教育与个人答题积分、查找隐患与经济奖励挂钩等方式，有效激发个人主动接受安全教育、开展群众性安全隐患排查的积极性；在危大工程管理方面，部分工地实现了塔式起重机吊钩可视化，使操作人员能够看清吊物吊装过程的运行周边环境和轨迹，避免事故发生；在推动智慧工地平台应用方面，部分企业制定了配套使用管理办法及考核细则，强力推动系统平台应用；在智慧工地平台建设模式上，部分企业利用工人流量市场价值开发系统平台，有效降低系统平台的运维成本。这些实践探索对江苏省智慧工地建设发展提供了有益借鉴。

通过智慧工地建设构建智能防范控制体系，有效地弥补传统监管方式的不足，实现对人员、机械、材料、环境的全方位实时监控，变被动“监督”为主动“监控”，有效提升建筑施工质量安全水平。一是实现数据实时动态查看和风险动态监测。结合项目基础数据及视频、传感器等实时数据，实时查看人员动态信息及重点环节、重点施工部位的施工信息，同时对危险部位、危险环节实时监测、预警管理。二是实现人员动态安全管理。通过工地现场实名制进出管理、基于安全帽的人员定位管理、人员安全教育及奖惩信息管理信息等，实现对工人的动态安全管理。三是实现项目安全管理标准化、规范化。明确智慧工地平台功能和使用规则，利用平台实现施工安全风险隐患排查、隐患随手拍、移动巡检等功能，完善风险隐患排查治理体系，有效落实安管人员责任，确保隐患及时发现并实现闭环管理。

以绿色发展理念推进“绿色建造”，走环境友好型发展道路，是推动生态文明建设的重要路径之一。江苏省住房和城乡建设厅也明确提出奖补资金申报项目要达到绿色施工优良等级条件，并在一定区域范围内起到示范引领作用。从近几年验收的相关资料和施工现场照片看，各企业项目部在开工前就根据项目特点，积极贯彻国家、省相关行业技术经济政策和打赢蓝天保卫战工作部署，因地制宜制定绿色施工方案，落实“五节一环保”的管理理念和工地扬尘治理“六个百分之百”有关要求，最大限度地节约资源，并减少工程建设过程中建筑垃圾的产生，减少对环境的负面影响。部分企业在实现绿色智慧示范工地过程中，积极实施“绿色建筑”工程，在现有绿色建筑和绿色施工评价体系基础上，进一步加强与建筑预制装配技术、BIM技术、超低能耗、智慧建筑、健康建筑等技术措施的融合，对现有的绿色施工体系进行再深化、再创新。

通过智慧工地建设和推广，已初步达到如下效果：

（1）提高安全管理水平，降低成本，提高效能

一是初步探索出建筑施工信息化安全发展之路。通过试点，确立了智慧工地应是包括危大工程预警管理、项目安全隐患自查、高处作业防护预警、建筑工人实名制管理、扬尘自动监测控制等“五位一体”的统一集成平台，联动人员安全管理、VR安全体验教育、塔式起重机与施工升降机黑匣子、视频监控、深基坑监测、高支模安全监测、无线巡更、危险源红外线语音报警提示、防护栏杆警示、生活区烟感远程报警等多个终端，有效实现“人的不安全行为”“物的不安全状态”和“环境的不安全因素”的全面监管。

二是强化了重大风险安全管控能力。智慧监管平台可以实时掌握正在实施的超规模危大工程有哪些，哪些将要实施，哪些已经实施完毕，为更好地实施监督计划、开展精准监管提供有力的技术保障。智慧工地平台归集超规模危大工程专项施工方案专家论证、安全交底、监理巡查、验收等重要环节安全管理信息，监督工程各方风险防控措施落实情况，应用塔式起重机监控设备，支持塔式起重机司机开展全程可视化操作，准确判断吊物吊装过程的运行轨迹，有效识别周边环境，防范群塔干涉、碰撞，避免事故发生。利用智能传感器技术，自动获取梁柱等构件的受力、应变情况等监测数据，加强高大模板支撑体系监控，精准实时把控工程质量和施工安全。

三是有效提升了项目安全管理水平。实现项目安全管理标准化、规范化，明确智慧工地平台功能和使用规则，利用平台实现数据实时动态查看和风险动态监测、人员动态安全管理、施工安全风险隐患排查、隐患随手拍、移动巡检等功能，完善风险隐患排查治理体系，有效落实安管人员责任，确保隐患及时发现并实现闭环管理。以中建八局第三建设有限公司为例，其南京分公司建设的7个智慧工地试点项目安全隐患数量下降20%，人均产值超过公司平均值的15%。以南京市为例，全市全面运行智慧工地监管平台，要求建设工期6个月以上的工地，安装环保在线监测和视频监控信息系统，相关数据同时传输至智慧工地监管平台，平台联合了住建、生态环境、城管、公安交管等部门，对扬尘、噪声、渣土等实施统一管理。

（2）推进人才培育建设

集聚拥有关键核心技术、带动智慧城市新兴产业发展的优质人才、企业、科研机构落地，带动大数据与人工智能领域人才发展。

（3）推进新型基础设施建设

通过智慧工地建设，推动5G、人工智能、大数据配套基础设施建设和实际应用，提升政府和企业对建设工程安全质量的管控能力。

（4）技术推广，为传统产业赋能

通过智慧工地大数据平台建设，横向连接发改、住建、城管、生态环境等多部门协同办公和数据共享，降本增效；纵向提升建筑行业监管和企业综合管理能力，驱动建筑企业智能化变革，引领项目全过程升级，通过人工智能技术为传统建筑产业赋能。

第二章　智慧工地建设标准与应用

第一节　智慧工地标准

一、标准编制过程

为加强江苏省智慧工地建设，先后出台了江苏省《建设工程智慧安监技术标准》和《江苏省智慧工地建设标准》。

江苏省《建设工程智慧安监技术标准》的编制过程开始于2017年8月，在江苏省建筑安全生产监督总站、南京市建筑安全生产监督站的组织下，在南京市的两个工程项目上开展了智慧安监的试点示范工作。2018年5月，在此基础上，成立了以江苏省建筑安全生产监督总站、南京市建筑安全生产监督站、南京傲途软件有限公司为主要起草单位的编制小组。其间，多次组织各参编单位进行讨论。2021年6月，省标委组织专家对送审稿进行了评审。2021年9月，提交报批稿。2021年12月，江苏省住房和城乡建设厅发布标准公告，并确定该标准于2022年4月1日起执行。

2020年5月，江苏省住房和城乡建设厅出台《省住房和城乡建设厅关于推进智慧工地建设的指导意见》（苏建质安〔2020〕78号）。根据文件精神，江苏省建筑行业协会建筑产业现代化工作委员会于2020年6月19日正式启动《江苏省智慧工地建设标准》的编制工作。2020年11月30日形成初稿讨论稿。2021年8月31日根据反馈意见组织有关专家对初稿进行修订，形成征求意见稿。2021年9月30日—10月29日，面向社会公开征求意见。2021年11月5日，通过专家终审评定。2021年11月26日，该标准作为江苏省建筑行业协会团体标准在中国·泰州第二届BIM工程技术峰会上正式发布。

二、标准制定原则

为进一步规范行业发展，加强行业自律，引导施工企业和集成服务商共同完善标准、强化管理，为政府主管部门加强监管提供依据，促进行业高质量发展，江苏省建筑行业协会建筑产业现代化工作委员会组织编制了《江苏省智慧工地建设标准》。

（1）与项目管理全过程相结合，从项目过程概况到质量管理、安全管理、环境管理、人员管理直至竣工验收，是在智慧安监基础上的提升。

（2）增加BIM技术和科技创新内容，使信息技术和工程技术高度融合到一起，推动智慧工地和智慧企业互动。通过科技创新来降低成本、提高效率。

（3）增加了项目上的党建和工会活动内容，通过党建引领调动现场人员的主观能动性，形成新的凝聚力和创造力。

三、标准主要内容

《江苏省智慧工地建设标准》对江苏省建筑工程智慧工地建设进行了规范和引导，保证了智慧工地实施效果和效益。主要内容可分为三个部分：第一部分是总则、术语、基本规定，主要是对标准做了基本规定。第二部分是功能模块和智慧党建，这是标准的核心内容，对建筑工程智慧工地的策划、实施、应用与管理等进行了规定。第三部分包括系统集成与数据接口、信息安全与容灾、运行与维护。

第二节　智慧工地标准体系建设

智慧工地标准体系建设充分兼顾到人、机、料、法、环的管理和项目全过程的管理，主要包括以下内容：

一、项目概况管理

项目概况管理包含工程基本信息管理（表2.2–1）、人员管理（表2.2–2、表2.2–3）、施工进度管理（表2.2–4）、施工物料管理（表2.2–5）、施工能耗管理（表2.2–6）。

工程基本信息管理　　**表 2.2–1**

功能模块	功能要求	规定项	推广项
工程概况	1）具备展示项目名称、项目编码、地址、规模、类型、参建单位、开工时间、竣工时间、项目效果图、质量目标、安全目标等项目基本信息的功能	√	
	2）具备展示项目经理、技术负责人、总监理工程师、施工员、质量员、安全员等关键人员信息，以及项目人员组织架构图（含质量安全管理网络）的功能	√	
数据分析	1）具备多维度、图文结合的数据统计结果分析的功能	√	
	2）具备统计生产（人员、进度、物料、能耗）、质量、安全、环保等信息的功能	√	
	3）具备查询工程勘察设计审查证明文件、招标投标证明文件、合同证明文件、施工许可、质量安全监督、绿色施工措施等信息的功能	√	

劳务人员功能管理　　**表 2.2–2**

功能模块	功能要求	规定项	推广项
信息采集	1）具备人员基本信息采集、查询、变更功能，采集信息包括但不限于：人员基本信息、劳动合同、健康状态等信息	√	
	2）支持多终端智能采集技术，如身份证读卡器采集、人脸识别采集等	√	
	3）具备特种作业人员进场登记需验证作业资格证书并上传存档的功能	√	
	4）支持超龄、低龄等不合规信息定时自动检测，联动门禁预警控制	√	
	5）支持与建安码联动，具备登记时自动获取相关信息的功能		√
	6）支持关键人员在线签章		√

续表

功能模块	功能要求	规定项	推广项
教育培训	1）支持人员安全教育、技能培训等培训记录登记	√	
	2）具备未参加安全教育人员预警提醒的功能	√	
	3）支持多终端参与教育培训，并可进行培训考核		√
	4）应用VR/AR/MR等虚拟现实技术进行教育培训，支持数据上传		√
考勤管理	1）设置门禁考勤设备，支持不少于1种自动识别方式，覆盖工地生产区所有出入口	√	
	2）支持考勤实时影像抓拍并上传		√
	3）支持考勤信息与门禁联动并实时展示进出场信息	√	
	4）设备支持不少于2种无线通信方式；适应工地弱网络条件应用，支持离线应用、本地缓存、断点续传		√
诚信管理	1）具备人员奖惩记录登记、查询及分析功能	√	
	2）支持与建安码人员状态实时联动		√
	3）支持人员诚信综合评价		√
数据分析	1）支持在册、在场、当日出勤实时展示	√	
	2）支持按照年龄、工种、籍贯、分包单位等不同维度进行人员数据分析	√	
	3）支持按照不同时间段进行人员出勤率分析	√	
	4）支持对异常人员进行数据展示和分析		√

管理人员管理 表 2.2–3

功能模块	功能要求	规定项	推广项
信息采集	1）具备人员基本信息采集、查询、变更功能，采集信息包括但不限于：人员基本信息、岗位信息、联系方式、健康状况等信息	√	
	2）具备项目管理人员登记、信息展示功能	√	
考勤管理	具备管理人员考勤实时照片抓取上传功能	√	
数据分析	具备管理人员考勤率展示及统计，并对考勤率进行分析和预警功能	√	

施工进度管理 表 2.2–4

功能模块	功能要求	规定项	推广项
进度计划	1）具备进度计划导入、展示功能	√	
	2）支持进度计划编制		√
	3）支持关键路径展示、关键工序、里程碑等工序分级显示		√
实际进度	1）具备形象进度上报功能	√	
	2）提供通过智能设备自动采集形象进度的功能（如：无人机航拍、视频自动采集）		√
	3）联动施工日志，支持自动将形象进度汇总到施工日志中备案		√
数据分析	1）具备计划与实际进度对比、展示功能	√	
	2）具备实际进度偏差提前预警功能		√
	3）具备进度偏差或延期原因分析及处理措施上报功能		√

施工物料管理　表 2.2-5

功能模块	功能要求	规定项	推广项
物料台账	1）具备物料统一编码功能	√	
	2）具备收发料台账管理功能	√	
物料验收	1）支持物料自动称重计量		√
	2）支持移动材料进场点验		√
物料溯源	1）支持利用二维码/RFID等技术，对材料进行标识、扫码查询		√
	2）支持利用小程序、H5等轻量化技术实现多方协同物料溯源		√
数据分析	1）具备收发料数据统计及分析功能	√	
	2）具备供应商、车辆等多维数据分析功能		√

施工能耗管理　表 2.2-6

功能模块	功能要求	规定项	推广项
用电监测	1）具备远程抄表功能		√
	2）具备用电数据检索、统计、分析、预警功能		√
	3）具备移动设备用电数据查看功能		√
	4）具备用电设备远程控制功能		√
	5）具备运行策略分析能力		√
用水监测	1）具备远程抄表功能		√
	2）具备用水数据检索、统计、分析、预警功能		√
	3）具备移动设备用水数据查看功能		√
	4）支持用水设备远程控制		√
	5）具备运行策略分析能力		√

二、安全管理

安全管理功能模块内容包括：人员定位、违规行为、临边防护、安全隐患、设备管理、危大工程、应急管理、车辆管理、视频监控等功能（表2.2-7）。

安全管理功能要求　表 2.2-7

功能	功能要求	规定项	推广项
人员定位	1）具备安全帽信息管理功能，应包含：基本信息、生产资质、检测报告等信息	√	
	2）具备人员实时定位和轨迹查询功能	√	
	3）具备提供安全帽报警提醒及处理功能		√

续表

功能	功能要求	规定项	推广项
违规行为	1）具备违规行为记录功能	√	
	2）支持视频AI分析识别违规行为		√
	3）具备违规行为预警、核实和闭环处理功能	√	
	4）违规行为统计分析功能	√	
临边防护	1）具备临边防护设备运行状态、历史报警预警数据展示功能	√	
	2）具备临边防护报警功能，并进行闭环处理	√	
安全隐患	1）具备移动端和PC端项目隐患检查和隐患发起、整改、复查的闭合管理功能	√	
	2）具备隐患分类、整改情况统计分析功能	√	
设备管理	1）具备塔式起重机、施工升降机设备设备基本信息、检测信息、安装信息、使用登记信息记录功能	√	
	2）具备塔式起重机、施工升降机、卸料平台设备运行状态、历史报警预警数据展示功能，并可自动发送预警	√	
	3）具备塔式起重机、施工升降机司机的基本信息、资格信息、身份识别信息展示功能	√	
危大工程	提供危大工程基本信息的备案管理功能，实现对专家论证、技术交底、日常巡检、危大工程验收信息的管理	√	
	实现深基坑、高支模、卸料平台状态监测及预警，展示历史监测数据和历史报警预警数据	√	
应急管理	提供应急方案管理功能		√
	建立现场演练计划，定期进行安全事故的模拟演练，记录演练信息		√
	提供现场应急处理信息登记功能		√
车辆管理	提供对进出场车辆信息识别和记录功能		√
	对现场车辆实现信息化管理，具备车辆的使用、检查、维护等信息记录功能		√
视频监控	视频监控点至少包括作业面、大门、冲洗平台，能实时浏览现场监控视频	√	
	具备AI识别功能，可对现场人员未戴安全帽、未穿反光背心、现场明烟明火等场景智能识别、报警	√	

三、质量管理

实施智慧工地管理的工程项目，应基于智慧管理平台实现质量数据自动采集、质量问题及时纠偏、质量考核自动统计，提升现场质量管理水平。质量管理功能模块内容应包括：质量策划、质量行为、施工设计、质量检查与验收、数字档案等功能（表2.2-8）。

质量管理功能要求 表 2.2-8

功能	功能要求	规定项	推广项
质量策划	1）支持导入经审批完成的策划文件（施组、创优方案）	√	
	2）支持建立工程楼栋、楼层及检验批信息，形成唯一性编码，可输出二维码标识		√
	3）支持建立施工方案计划、技术交底计划、样板计划、检验批计划、检验试验计划等，可输入或导入系统	√	
质量行为	1）支持建立质量管理组织架构，并设置质量管理岗位人员，具备录入岗位证书信息、上传证书的功能	√	
	2）支持设定岗位人员标准化管理动作及临时指派工作		√
	3）具备收集质量管理人员工作痕迹的功能	√	
施工设计	1）支持实现不同版本电子图纸、设计交底及图纸会审文件、工程变更文件台账录入	√	
	2）支持实现深化设计计划及跟踪台账		√
质量检查与验收	1）支持项目质量管理人员依托APP或管理后台实施过程质量控制，包括施工方案编审信息、技术交底、进场材料验收、检测设备、检验试验实施、检验批验收、分户验收、隐蔽工程验收、随手拍、监理质量整改通知单及回复等，形成台账	√	
	2）支持将建设、监理等各方参建主体纳入管理平台		√
	3）具备提供现场标养室温湿度自动控制及养护台账记录功能	√	
	4）具备主体结构楼层混凝土强度回弹、实测实量数据可通过系统实现数据上传的功能	√	
	5）支持应用智慧检测设备，数据自动传输至管理平台		√
数字档案	具备质量相关文档、图片及影像资料可存储、上传及在线浏览的功能	√	
数据分析	支持预警信息提示（根据计划进度与实时日期对比，预警各计划台账完成情况）	√	

四、环境管理

施工现场环境保护包括施工现场扬尘管控、噪声监测以及建筑垃圾减量化等内容。施工期间应对现场扬尘、噪声、建筑垃圾排放等环境因素进行实时监测，各项监测数据上传至智慧工地管理平台。监测设备按具体要求进行部署，避免有非施工作业的高大建筑物、树木或其他障碍物阻碍监测点附近空气流通和声音传播。监测点附近应避免强电磁干扰，周围有稳定可靠的电力供应，方便安装和检修通信线路。管理平台和监测设备依据地方环保要求，实现信息预警，并及时推送信息至相关人员（表2.2-9）。

环境保护功能要求 表 2.2-9

功能	功能要求	规定项	推广项
扬尘管控	1）支持扬尘防治信息化管理，包括防治责任人、管理目标、专项方案、技术交底等信息登记	√	
	2）具备扬尘防治日常巡查、定期检查、不定期抽查及整改流程闭合管理的功能	√	
	3）支持在施工扬尘重点区域设置不少于1个扬尘监测点，实时监测PM10、PM2.5、温度、湿度、风向、风速、大气压力等数据，现场通过本机LED屏幕显示	√	
	4）支持洒水降尘设备自动化控制，具备记录洒水降尘设备开启的工作时长及数据上传平台的功能		√
	5）支持施工车辆的出入口部署、车辆出场未冲洗抓拍监控，具备自动分析未冲洗车辆并拍照/录像、车牌识别并自动记录、数据自动上传和实时告警的功能		√
	6）支持远程视频，可查看扬尘监测设备LED屏幕显示信息，洒水降尘设备工作信息，施工现场裸土覆盖、湿法作业、道路硬化情况，出入口路面保洁情况	√	
	7）支持视频联动，包括不限于超标联动、告警联动、工单指派等，对视频内容AI分析，结果上传		√
	8）具备数据实时传输、存储、统计、分析、检索功能，支持监测设备、手机端、电脑端调取查看，支持离线/故障的在线检测的功能	√	
	9）支持气象预警和消息推送，气象预警应遵守中国气象局第16号令《气象灾害预警信号发布与传播办法》关于突发气象灾害预警信号的相关规定	√	
	10）扬尘监测应遵循以下现行技术规范： 《环境空气颗粒物（PM10和PM2.5）连续自动监测系统技术要求及检测方法》HJ 653 《环境空气颗粒物（PM10和PM2.5）连续自动监测系统安装和验收技术规范》HJ 655 《环境空气质量监测点位布设技术规范（试行）》HJ 664	√	
	11）预警限定值应遵循现行标准《环境空气质量标准》GB 3095的规定	√	
	12）数据传输应符合现行标准《污染物在线监控（监测）系统数据传输标准》HJ 212的规定	√	
	13）扬尘监测设备应具有计量认证和环保认证，证书对应的检测报告内容与设备实物一致	√	
噪声监测	1）在施工现场设置不少于1个噪声监测点		√
	2）具备实时监测噪声数据能力，提供声光报警功能		√
	3）具备实时传输监测数据能力，支持离线/故障的在线检测		√
	4）提供监测数据储存、统计、分析、检索功能，支持手机端和电脑端实时查看检测数据		√
	5）满足现行标准《建筑施工场界环境噪声排放标准》GB 12523的规定，预警限定值应遵循现行标准《声环境质量标准》GB 3096的规定	√	
建筑垃圾监测管理	1）具备建筑垃圾基本信息管理功能	√	
	2）具备垃圾称重及计量功能	√	
	3）支持对泥沙分离、泥浆脱水的监测，监测应符合现行标准《污水综合排放标准》GB 8978的相关规定		√
	4）提供数据存储、统计、分析、预警、检索功能，支持手机端和电脑端实时查看检测数据		√
	5）具备通过AI技术自动识别能力		√

第三节 智慧工地建设与应用

一、规划阶段

（一）建设总述

智慧工地建设同项目建设一样，需要分成多个阶段，如图2.3-1所示。

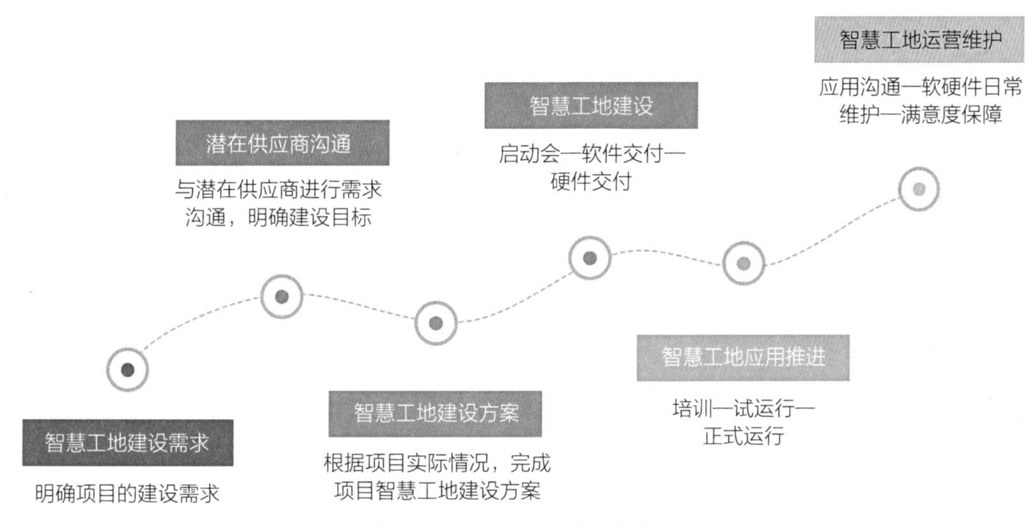

图2.3-1 智慧工地建设各阶段

（二）前期策划

在智慧工地建设的前期策划阶段，项目需要重点考虑以下几个部分的内容，见表2.3-1。

项目前期策划阶段需要考虑的内容 表 2.3-1

内容项	思考点
建设目标	本项目智慧工地建设成什么样？是否符合省标准
落地方案	硬件现场策划布置图，组织架构和岗位职责，保障措施，应用、维护计划
落地节奏	什么时间？做什么事情？达到什么效果
集成服务商选择	品牌、技术水平、响应能力、是否已对接省安管系统
落地执行	项目主责人，服务商主责人，交付、应用及维护计划

二、交付阶段

1．启动会

在智慧工地建设方案确定以后，需要召开智慧工地建设启动会，智慧工地启动会标志着项目智慧工地建设正式开始。在启动会上宣贯智慧工地建设方案，明确参与各方相关职责，理清智慧工地建设的阶段、节奏等；智慧工地建设集成服务商需要明确本智慧工地项目的“项目经理”。

2．智慧工地试运行

在启动会结束以后就进入了项目的建设阶段，项目建设阶段是智慧工地建设的主要阶段，是智慧工地集成服务商对智慧工地合同内容的主要交付部分，是对智慧工地建设方案的落地，主要涉及软硬件交付、智慧工地软硬件培训、智慧工地应用初步方案三个部分。

（1）软硬件交付

项目建设阶段应基本完成项目智慧工地软硬件的部署、硬件安装调试及平台对接、软硬件联调等。软硬件交付需要和项目负责人明确交付物情况、注意事项等，特别是硬件类交付，不能影响施工现场原有设备使用及安全。

（2）智慧工地软硬件培训

应根据项目的实际情况确定项目对象，包括公司层管理人员、项目层管理人员、项目层业务人员、一线的班组长等。不同的使用方对智慧工地有不同的使用需求，不能一概而论，管理层主要侧重监管，应用层主要侧重使用，在培训过程中需要重视培训效果，确保能用、会用，应用层面需要了解智慧工地应用要求。

（3）智慧工地应用初步方案

交付完即完成智慧工地建设，这是智慧工地建设的“误区”，软硬件交付完成仅仅是智慧工地建设的第一阶段，智慧工地应用才是智慧工地建设的“核心”。智慧工地集成服务商需要提供智慧工地的应用方案，结合项目实际情况，制定应用目标及计划。

第四节　智慧工地运行与维护

一、系统运行

智慧工地系统的运行是一个体系化、长期性的过程，其具有“多方面应用”和“长期使用”两个特点，一方面，智慧工地的运用是项目、企业、集成服务商以及监管部门共同努力的结果，其核心是为了提升现场管理水平，保障项目安全文明施工；另一方面，智慧工地的应用是与项目的建设周期一致，在项目的建设过程中，其应用一直存在，并随着项目的结束而形成项目的建设资料的一种新的储存形式，或者说是项目建设过程资料的重要组成部分，最终实现其数据价值、软硬件周转价值、人员培养价值等多方面的考虑。

围绕着智慧工地系统的长期运用，需要项目在应用过程中考虑以下几个方面：

（1）设置智慧工地管理员。智慧工地管理员又称项目信息化管理员，管理员对智慧工地的应用负责，建议项目经理正式任命，由项目总工、安全总监担任，能够切实推动智慧工地应用的人员担任，其职责是对内组织项目人员使用智慧工地系统，对外协调集成服务商，确保软硬件正常。

（2）常态化培训机制。智慧工地应用培训并非一次性结束，需要集成服务商提供文本、视频等多种形式的赋能渠道，确保项目上能够会用、用好，随着项目管理人员的流动，以及劳务分包人员频繁进出场的实际情况，需要定期组织项目培训。

（3）建立运行体系。建立体系的核心是建立人员组织脉络图，智慧工地应用涉及多个方面，从参与方来说，有施工单位、监理单位、业主、集成服务商、政府监管部门等；从参与人员来说，有一线的操作人员、项目管理人员、企业管理人员、集成服务商服务人员、监管人员、政府决策者等；单独从项目层级的应用来说，施工单位是项目智慧工地建设的主要承接者，项目上在建设智慧工地时需要考虑业主方的使用需求、监理单位的使用需求、集成服务商的服务支持能力，需要明确权责，谁在什么时间需要做什么事情，例如：项目劳资员需要进行劳务实名制管理，在工人进场时需要查看体检证明、作业资格证书等，进行安全教育培训，培训合格后签订劳务合同，并进行系统录入登记。

（4）业务替代。智慧工地的建设目的不是给项目一线增负，是基于本身的项目管理业务，使用信息化手段解决业务问题，智慧工地系统长期应用的原动力应是基于"智慧工地"这个工具解决业务问题，解决业务问题就需要去梳理业务问题，匹配业务问题，优化业务流程，实现新的业务实现标准，例如：在新冠肺炎疫情不确定的情况下，企业如何实现对项目一线的管控，企业检查应该如何落地，企业项管部人员需要借助项目现场的鹰眼设备、定点的监控、AI的识别抓取来完成施工面的管理，需要借助执法记录仪完成传统的现场巡视；因此围绕着企业检查，在不能到达现场的情况下能够和线下应用完成现场检查，同时能够随时随地进行施工面的检查，针对企业检查这项工作就有新的业务实现，需要在梳理企业标准的基础上，确定新的工作流程、机制、保障措施等。

二、系统维护

智慧工地的系统维护是指从智慧工地软硬件交付结束起至项目竣工验收资料归档的阶段，是确保软硬件正常使用的一系列动作。系统维护包含软件维护和硬件维护两个方面；从权责归属角度又分为硬件保护、质保内硬件检修、质保外硬件检修、软件使用保障等方面，具体情况如下：

（1）硬件保护。施工现场环境相对恶劣，智慧工地硬件产品属于电子产品，虽然考虑到风吹日晒的实际情况，但仍然需要项目在制定安装方案、后期使用过程中加以保护，硬件的常规保护需要项目上重视。因项目忽视智慧工地软硬件设备的管理，导致硬件故障、损坏的概率占到总的维护量的80%，直接影响智慧工地的应用水平和应用效果。

（2）质保内硬件检修。质保内硬件检修主要由集成服务商提供，集成服务商需要对质保期内的智慧工地硬件进行定期的检修以及对非人为原因损坏的硬件设备提供免费、高效、及时的检修响应。关于智慧工地的质保，建议在智慧工地合同条款中明确约定双方权责范围。

（3）质保外硬件维修。当前智慧工地硬件质保期通常为1年，针对1年外的硬件质保问题，需要和集成服务商约定以付费方式继续提供硬件运维服务，或者与专业的智慧工地硬件供应商签订维保合同，期间进行硬件检查和维修。

（4）软件使用保障。集成服务商在项目使用周期内，需要及时为项目提供软件使用保障服务，确保软件能够正常使用，积极响应处理软件故障问题，保证数据传输正常。同时，应及时关注智慧工地数据动态考核结果，确保平台稳定运行，数据及时有效，智慧工地数据动态考核平均分符合验收前置条件要求。

三、注意事项

（1）信息安全。智慧工地系统使用过程中需要注意信息安全，用户对文件和数据库表的访问，应由授权人员配置访问权限。应提供完善的用户及权限管理机制，对管理员和业务用户进行分级授权，至少实现系统超级管理员、普通管理员、普通用户三级管理，在使用过程中要求授权人员不得泄露账号密码，不得借用账号，严格按照智慧工地应用流程执行。

（2）信息保密。针对项目上涉及商务等敏感信息，项目需要根据实际的影响和共享范围进行界定，项目管理人员通过智慧工地系统进行数据信息共享时，需要考虑其传播范围，甄别上传的敏感信息，确保上传的信息能够进行共享，避免给项目造成经济损失，可以通过设定审批流程或者定向权限来满足敏感信息的内部共享需求。

（3）硬件安装。智慧工地硬件属于电子产品，部分硬件属于精密电子仪器，在安装和使用过程中需要考虑其长期的使用环境，由专业的安装人员进行安装，在硬件安装的过程中，除了需要考虑硬件本身的安全外，还需要考虑不影响项目上其他设备的正常运行，不能因安装智慧工地硬件设备导致新的安全隐患产生，部分硬件产品的安装参考以下要求，见表2.4–1。

部分硬件产品的安装要求及注意事项 **表 2.4–1**

<table>
<tr><th>设备名称</th><th>安装要求</th><th>注意事项</th><th>备注</th></tr>
<tr><td>塔式起重机监测设备</td><td rowspan="2">塔式起重机及施工升降机产品，考虑集约化布线，达到驾驶室最优化布线，美观、大方、稳固；高度传感器、幅度传感器需要安装稳定牢固、同轴器连接稳固；重量传感器安装时箭头方向同传感器手里方向，安装稳定可靠</td><td rowspan="2">1）电源线接线时，所有接触导线截面积应满足用电设备最大消耗功率；
2）所有外露线路需要安装套管保护，根据穿线数量选择不同型号，保护套管安装要求横平竖直，安装牢固；
3）设备安装不影响原有设备本身安全性，不得破坏承重结构；
4）不得改变塔式起重机等原有安全装置及电气控制系统的功能和性能</td><td rowspan="4">推进智慧工地硬件安装过程旁站制度，安装前交底安装方案，由监理单位、施工单位负责人确认并旁站安装，确保不产生新的安全隐患</td></tr>
<tr><td>施工升降机监测设备</td></tr>
<tr><td>高支模监测设备</td><td rowspan="2">安装前需要确定安装方案，确保设备安装与方案保持一致</td><td>高空作业需要注意安全</td></tr>
<tr><td>深基坑监测设备</td><td>定期检查设备是否被破坏</td></tr>
</table>

（4）检修要求。智慧工地系统的硬件设备需要定期检修，检修分为日常项目维护和专业人员维护，项目需要以周为单位对项目现场的智慧工地硬件进行检查维护，建议与周安全大检查保持一致，检查硬件设备的观感完整度，对设备所处环境进行提升，消除设备的积灰等。建议以季度为单位，协调专业服务人员对塔式起重机监测、施工升降机监测等精密仪器进行例行性维护，延长硬件设备的使用寿命。

第五节　数据动态考核操作流程

根据江苏省智慧工地技术标准和建设要求，智慧工地建设使用过程中，应与项目所属主管部门的智慧工地监管平台实现数据对接，同时应接受各级监管平台的数据动态考核，其主要操作流程如下。

一、提交创建内容

各项目应登录江苏省建筑施工安全管理系统，进入智慧工地创建内容界面，确认是否创建智慧工地。若确定创建智慧工地，点击选择【创建】，并勾选智慧工地创建实施内容后。点击【提交】按钮，由项目所属主管部门对创建内容进行审核。审核后，若需要修改创建内容，可撤回申请，并进行修改后重新提交。如图2.5–1所示。

图2.5–1　提交创建内容

二、填写平台信息

项目所属主管部门同意创建智慧工地后，项目部可选择合适的集成服务商。在智慧工地启动会后，应及时填写智慧工地平台信息。进入“智慧工地地址填写”页面，点击【修改】填写智慧工地集成服务商企业信息及部署好的接口地址（由集成服务商提供），点击【设置】即可。设置后，平台自动生成并显示AppKey与Secret。将该信息提供给智慧工地集成服务商，由服务商尽快完成数据对接和数据动态考核接口，完成后方可逐项开启数据动态考核。如图2.5–2所示。

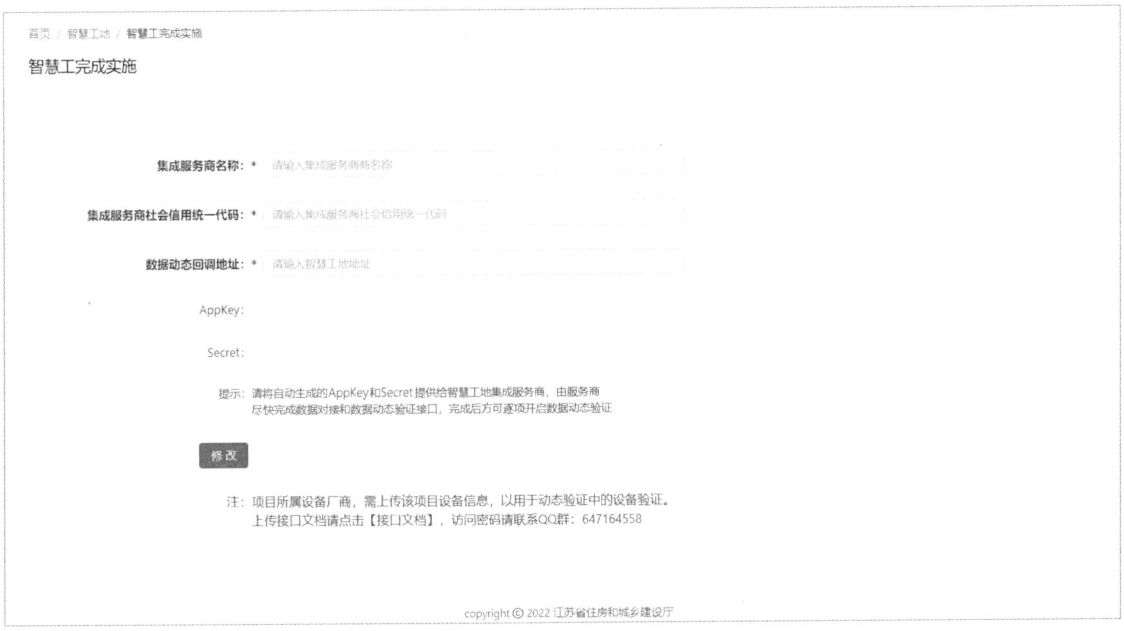

首页 / 智慧工地 / 智慧工完成实施

智慧工完成实施

集成服务商名称：* 请输入集成服务商的名称

集成服务商社会信用统一代码：* 请输入集成服务商社会信用统一代码

数据动态回调地址：* 请输入智慧工地地址

AppKey:

Secret:

提示：请将自动生成的AppKey和Secret提供给智慧工地集成服务商，由服务商尽快完成数据对接和数据动态验证接口，完成后方可逐项开启数据动态验证

修改

注：项目所属设备厂商，需上传该项目设备信息，以用于动态验证中的设备验证。上传接口文档请点击【接口文档】，访问密码请联系QQ群：647164558

copyright © 2022 江苏省住房和城乡建设厅

图2.5–2　填写平台信息

三、开启动态考核

当集成服务商按照要求完成对接后，项目部登录江苏省建筑施工安全管理系统，进入智慧工地数据动态考核页面，点击“逐项开启数据动态考核”，选择需开启的接口后，点击【保存设置】，开启数据动态接口。项目部及项目所属主管部门可查看考核结果及具体的得分情况。如图2.5–3所示。

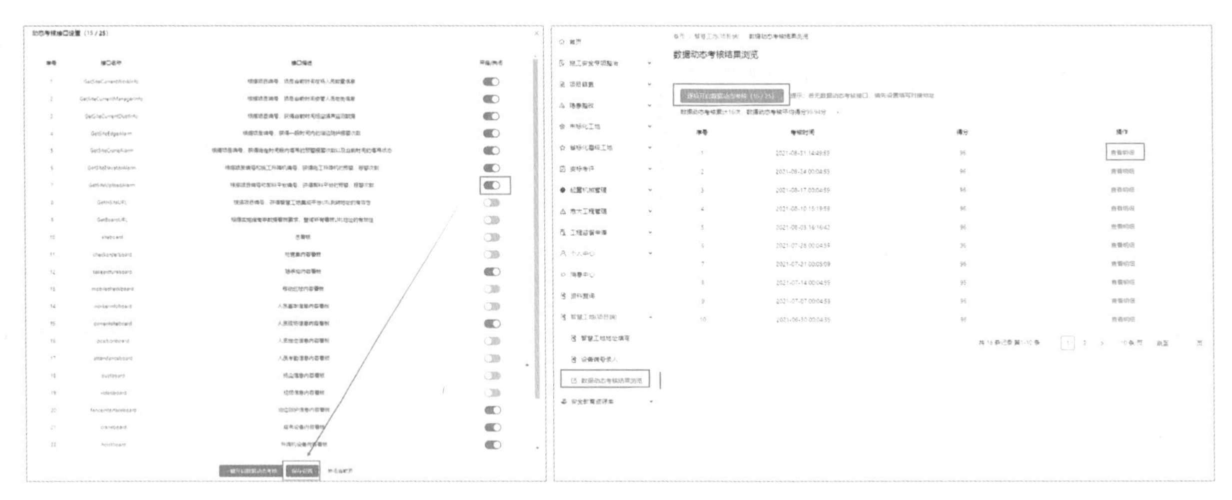

图2.5–3　动态考核

四、申请项目验收

当项目需要进行智慧工地验收时，应登录省安管系统，进入智慧工地验收申请页面，点击提交申请。主管部门审核通过后，将组织专家根据验收标准对项目进行验收。验收后，输入验收分数，并打印智慧工地验收结果通知书。

第三章　智慧工地与科技集成

第一节　建筑业十项新技术

本节将对《建筑业十项新技术》2017版与2010版内容进行对比，并简要介绍江苏省智慧工地建设中相关技术的应用。

一、地基基础和地下空间工程技术

为充分体现行业的技术发展，贯彻“四节一环保”理念，着眼于目前城市建设中地基基础及地下空间领域急需解决的新问题，将2017版与2010版相对比，保留9项技术，删除7项技术，更新2项技术，新增4项技术。本项技术共包含13项分项技术：灌注桩后注浆技术、长螺旋钻孔压灌桩技术、水泥土复合桩技术、混凝土桩复合地基技术、真空预压法组合加固软基技术、装配式支护结构施工技术、型钢水泥土复合搅拌桩支护结构技术、地下连续墙施工技术、逆作法施工技术、超浅埋暗挖施工技术、复杂盾构法施工技术、非开挖埋管施工技术、综合管廊施工技术。其中，“复杂盾构法施工技术、综合管廊施工技术”两项技术通过物联网对盾构机进行智能感知、智能控制、智能认知、智能决策，盾构系列智能化装备主要包括盾构搭载地质预报（眼睛）、盾构搭载地层特征感知（耳朵）、盾构搭载气体环境监测（鼻子）、盾构搭载滚刀实时监测（神经）、盾构搭载同步注浆检测（体检器）以及盾构搭载辅助决策支撑系统（大脑）等六套智能系统。可以在精准感知施工信息的基础上，快速判断自身状态并认知周边环境，自动对盾构机发出指令，实现地下工程更适应、更快速、更安全的智慧化无人掘进。

2020年，首台具有自主决策和自动掘进能力的智能盾构——“智驭号”诞生，其可在自动巡航和远程控制两种模式间切换，确保掘进的可靠性和稳定性，完成了384m连续无人工干预的盾构自主掘进，隧道轴线偏差±30mm，地面隆沉控制在–20mm～+7mm，明显高于国家标准规范的控制指标。

通过智能化感知获取人员、设备、环境、流程制度等在内的一切数据，实现地下管廊的可视化管理，同时综合管廊管控平台需要将各种控制命令传输到各段管廊的各种设备上，这些信息主要有：监控摄像机的视频信号和控制信号，人员位置信息和人员报警信息，环境传感器和设备传感器的模拟量数据，风机、水泵等设备的开关量数据，Wi-Fi电话的语音信息和广播信息，管廊的各种属性信息和状态信息，管理指令和流程信息等。如图3.1–1所示。

利用物联网设备监控子系统、安全防范子系统、通信子系统、预警和报警子系统、地理信息系统和统一监控平台等，解决了管廊监控与报警建设中存在的内部干扰性强、使用单位多且协调复杂的根本问题，大大提高了系统运行的可靠性和可管理性，提升了管廊基础设施、环境和设备的恢复效率。

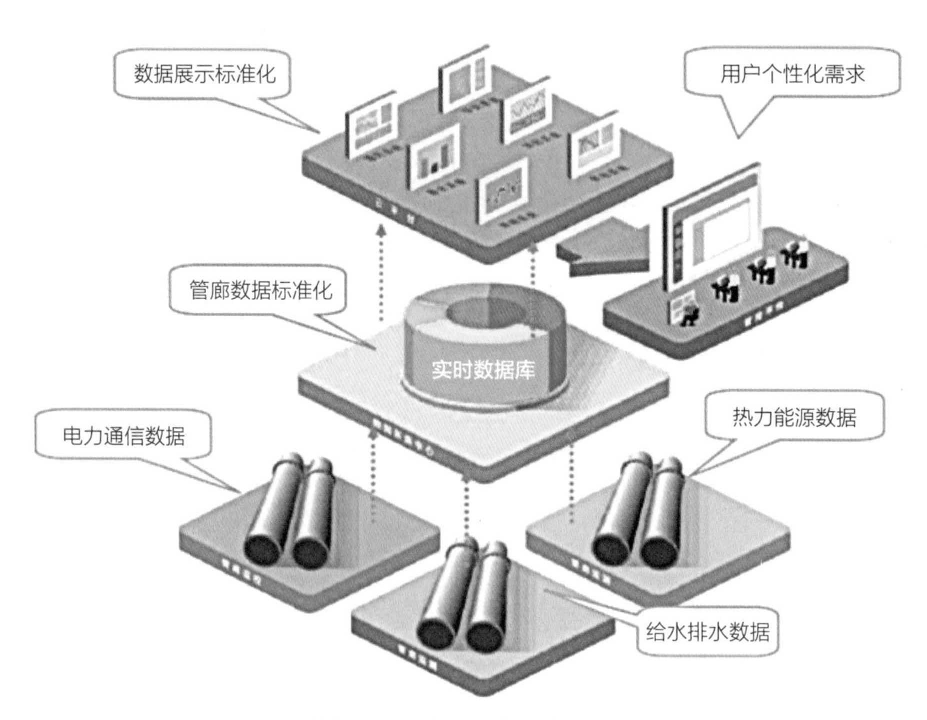

图3.1–1　地下综合管廊智能化

二、混凝土技术

针对目前我国房屋建筑中钢筋混凝土结构体系占比已达90%的现状，同时考虑到建筑工业化进程的加快与绿色施工的需要，2017版将2010版的混凝土技术与钢筋及预应力技术合而为一，与2010版相比，删除6项技术，更新2项技术，新增2项技术。本项技术共包含12项分项技术：高耐久性混凝土技术、高强高性能混凝土技术、自密实混凝土技术、再生骨料混凝土技术、混凝土裂缝控制技术、超高泵送混凝土技术、高强钢筋应用技术、高强钢筋直螺纹连接技术、钢筋焊接网应用技术、预应力技术、建筑用成型钢筋制品加工与配送技术、钢筋机械锚固技术。

混凝土质量检测智能化技术主要应用在混凝土钢筋检测、混凝土强度检测及混凝土裂缝检测等内容。混凝土钢筋检测扫描仪用于检测现有钢筋混凝土或新建钢筋混凝土内部钢筋直径、位置、分布及钢筋的混凝土保护层厚度，如图3.1–2所示。混凝土裂缝检测设备专用于混凝土表面裂缝深度测试。混凝土强度检测主要由数字回弹仪完成，适用于各类建筑工程中C10～C60混凝土抗压强度的无损检测。

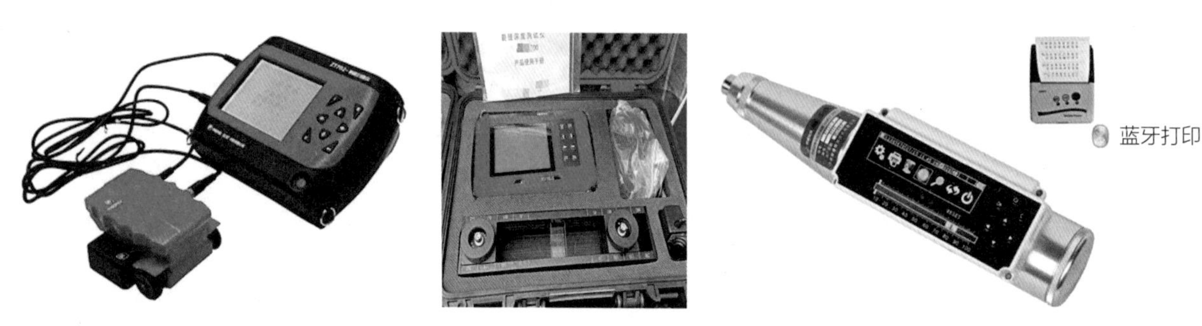

图3.1–2　混凝土钢筋检测扫描仪

大体积混凝土测温子系统能够有效探测混凝土内外不同层面之间的温度，为施工班组提供混凝土浇筑后的真实温度数值，帮助提升混凝土浇筑质量，保证工程整体施工质量。如图3.1–3所示。

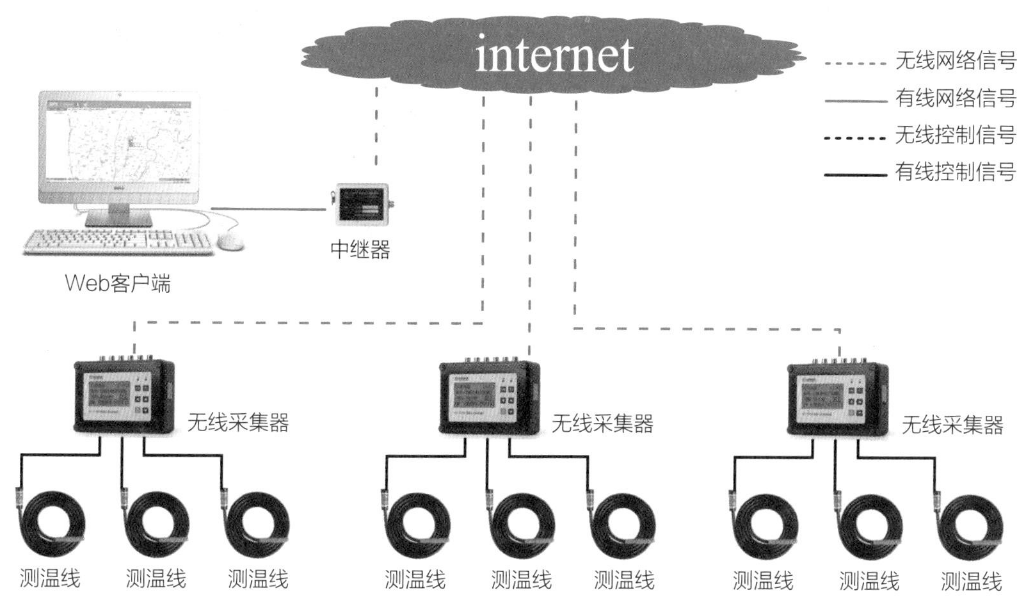

图3.1–3　大体积混凝土测温子系统

随着智能建造技术的发展，伴随着全自动压力机“智能机器人”上岗，试块制作、养护、试压全程“二维码跟踪”、恒温恒湿“自动调节监控”系统、全自动抗渗仪等混凝土试验智能设备投入使用，传统搅拌站实现混凝土技术数字化智能制造升级。如图3.1–4所示。

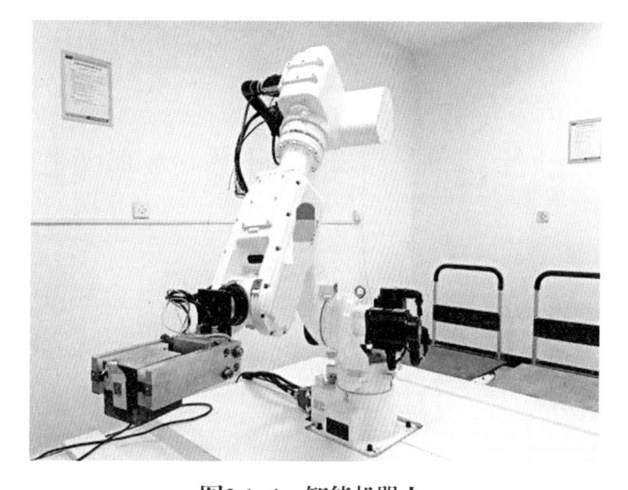

图3.1–4　智能机器人

三、钢筋及预应力技术

根据国家节约能源低碳环保政策要求，一方面，加大力度改善模板脚手架产品的质量，加大产品工具化配套化速度，为文明施工、绿色施工、安全施工服务；另一方面，进一步推动模板脚手架行业的技术创新与进步，从而最大化满足绿色施工需求，2017版与2010版相比，删除10项技术，新增5项技术。本项技术共包含11项分项技术：销键型脚手架及支撑架、集成附着式升降脚手架技术、电动桥式脚手架技术、液压爬升模板技术、整体爬升钢平台技术、组合铝合金模板施工技术、组合式带肋塑料模板技术、清水混凝土模板技术、预制节段箱梁模板技术、管廊模板技术、3D打印装饰造型模板技术。

支持物联网的传感器可以跟踪爬架设备的运行状态，监测到爬架当前所在楼层。爬架企业可通过后台远程了解到项目当前施工进度、设备运行状态。管理人员可以实时查看和导航虚拟地图，以访问爬架设备的位置和配置，提高管理效率，实现对项目的数字化智能化管控。配备传感器的物联网可主动跟踪架体的安全状况，当监测到异常状况时，会发送相关信息到工作人员手中，这样他们便可以采取预防措施并阻止潜在的危险发生，实现对爬架项目智能化安全管控，使楼体安全可控。如图3.1–5所示。

图3.1–5　附着式升降脚手架监测系统

四、装配式混凝土结构技术

考虑到大力推广装配式混凝土结构技术可以进一步提高劳动生产效率，减少现场施工作业与人员投入，减少环境污染，节约能源和资源，促进建筑行业产业转型与技术升级，本项为2017版新增技术大项。《中共中央 国务院关于进一步加强城市规划建设管理工作的若干意见》中指出："力争用10年左右时间，使装配式建筑占新建建筑的比例达到30%，积极稳妥推广钢结构建筑。"本项技术共包含10项分项技术：装配式混凝土剪力墙结构技术、装配式混凝土框架结构技术、混凝土叠合楼板技术、预制混凝土外墙挂板技术、夹心保温墙板技术、叠合剪力墙结构技术、预制预应力混凝土构件技术、钢筋套筒灌浆连接技术、装配式混凝土结构建筑信息模型应用技术、预制构件工厂化生产加工技术。

利用建筑信息模型（BIM）技术，实现装配式混凝土结构的设计、生产、运输、装配、运维的信息交互和共享，实现装配式建筑全过程一体化协同工作。应用BIM技术，装配式建筑、结构、机电、装饰装修全专业协同设计，实现建筑、结构、机电、装修一体化；设计BIM模型直接对接生产、施工，实现设计、生产、施工一体化。预制构件生产，接力设计BIM模型，采用"BIM+MES+CAM"技术，实现工厂自动化钢筋生产、构件加工；应用二维码技术、RFID芯片等可靠识别与管理技术，结构工厂生产管理系统，实现可追溯的全过程质量管控。应用"BIM+物联网+GPS"技术，进行装配式预制构件运输过程追溯管理、施工现场可视化指导堆放、吊装等，实现装配式建筑可视化施工现场信息管理平台。如图3.1–6所示。

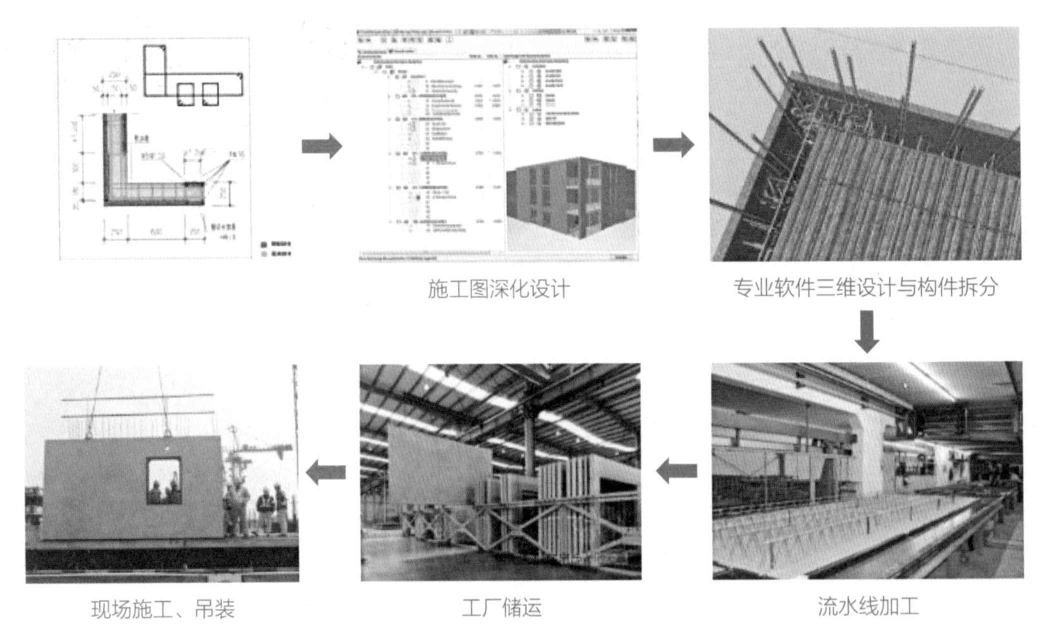

图3.1–6　"BIM+物联网+GPS"技术的应用

五、钢结构技术

现代钢结构形式复杂、使用功能要求高的特点，对钢材性能提出了更高更新的要求，同时考虑到近年来随着建筑行业BIM技术的深度应用，钢结构BIM建模新技术需要总结并推广，同时也为提高钢结构材料的管理信息化应用程度，2017版与2010版对比，删除4项技术，更新3项技术，新增5项技术。本项技术共包含10项分项技术：高性能钢材应用技术，钢结构深化设计与物联网应用技术，钢结构智能测量技术，钢结构虚拟预拼装技术，钢结构高效焊接技术，钢结构滑移、顶（提）升施工技术，钢结构防腐防火技术，钢与混凝土组合结构应用技术，索结构应用技术，钢结构住宅应用技术。

钢结构深化设计是以设计院的施工图、计算书及其他相关资料为依据，依托专业深化设计软件平台，建立三维实体模型，计算节点坐标定位调整值，并生成结构安装布置图、零构件图、报表清单等的过程。钢结构深化设计与BIM结合，实现了模型信息化共享，由传统的"放样出图"延伸到施工全过程。

物联网技术是通过射频识别（RFID）、红外感应器等信息传感设备，按约定的协议，将物品与互联网相连接，进行信息交换和通信，以实现智能化识别、定位、追踪、监控和管理的一种网络技术，如图3.1–7所示。

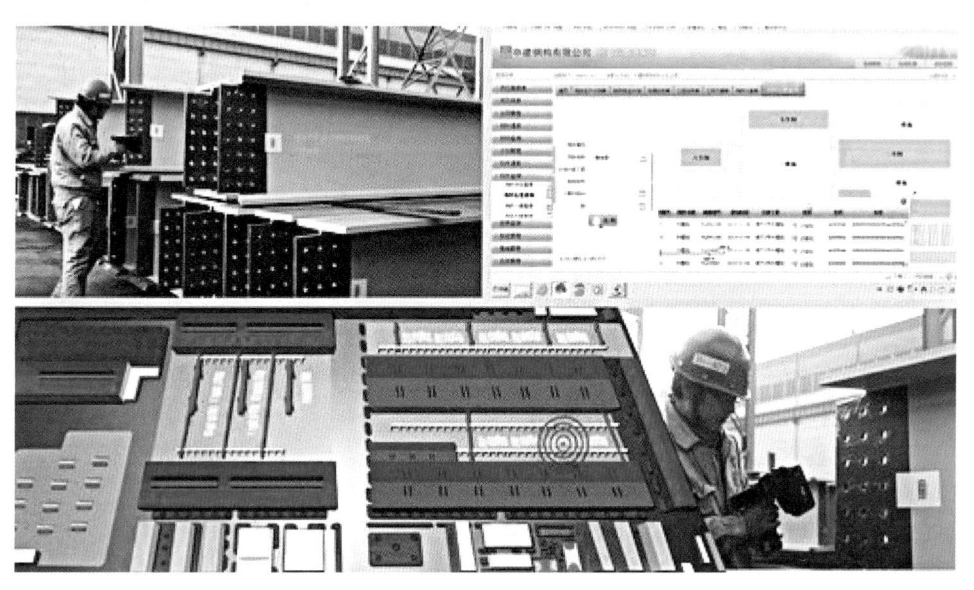

图3.1–7 物联网技术的应用

钢结构智能测量技术是指在钢结构施工的不同阶段，基于全站仪、电子水准仪、GPS全球定位系统、北斗卫星定位系统、三维激光扫描仪、数字摄影测量、物联网、无线数据传输、多源信息融合等多种智能测量技术，解决特大型、异形、大跨径和超高层等钢结构工程中传统测量方法难以解决的测量速度、精度、变形等技术难题，实现对钢结构安装精度、质量与安全、工程进度的有效控制。如图3.1–8所示。

全站仪

电子水准仪

三维激光扫描仪

图3.1-8　钢结构智能测量技术的应用

六、机电安装工程技术

以保障建筑的整体功能，提高各系统的运行质量，为人们提供一个安全舒适的生活、办公、工作、学习的环境为目的，促进我国的机电安装施工技术达到甚至赶超国际先进水平，2017版与2010版相比，删除5项技术，更新5项技术，新增6项技术。本项技术共包含11项分项技术：基于BIM的管线综合技术、导线连接器应用技术、可弯曲金属导管安装技术、工业化成品支吊架技术、机电管线及设备工厂化预制技术、薄壁金属管道新型连接安装施工技术、内保温金属风管施工技术、金属风管预制安装施工技术、超高层垂直高压电缆敷设技术、机电消声减振综合施工技术、建筑机电系统全过程调试技术。

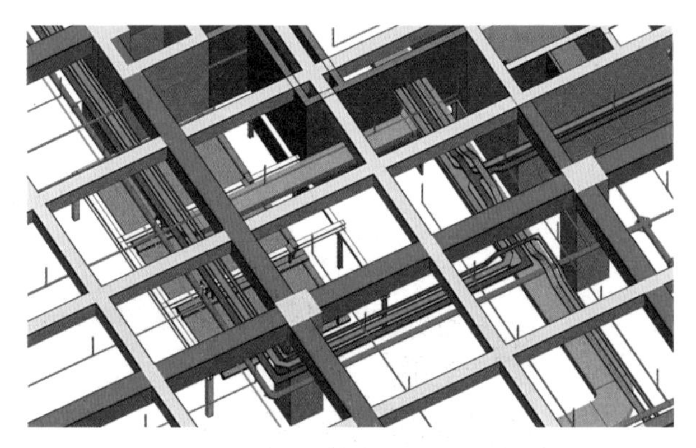

图3.1-9　BIM技术在机电管线工程中的应用

随着BIM技术的普及，其在机电管线综合技术应用方面的优势比较突出。丰富的模型信息库、仿真模拟技术、与多种软件方便的数据交换接口，以及成熟、便捷的三维可视化应用软件等，比传统的CAD管线综合技术有了较大的提升。如图3.1-9所示。

工厂模块化预制技术是将建筑给水排水、供暖、电气、智能化、通风与空调工程等领域的建筑机电产品按照模块化、集成化的思想，从设计、生产到安装和调试深度结合集成，通过这种模块化及集成技术对机电产品进行规模化的预加工，工厂化流水线制作生产，从而实现建筑机电安装标准化、产品模块化及集成化。

七、绿色施工技术（建筑节能技术）

按节水、节材、节能、节地、环境保护的顺序，选择了节水、建筑垃圾减量化等技术，突出可循环、低碳技术，选用施工现场标准化、工具式防护技术。2017版与2010版相比，删除12项技术，更新4项技术，新增10项技术。本项技术共包含11项分项技术：封闭降水及水收集综合利用技术，建筑垃圾减量化与资源化利用技术，施工现场太阳能、空气能利用技术，施工扬尘控制技术，施工噪声控制技术，绿色施工在线监测评价技术，工具式定型化临时设施技术，垃圾管道垂直运输技术，透水混凝土与植生混凝土应用技术，混凝土楼地面一次成型技术，建筑物墙体免抹灰技术。

施工扬尘控制技术包括施工现场道路、塔式起重机、脚手架等部位自动喷淋降尘和雾炮降尘技术、施工现场车辆自动冲洗技术。如图3.1–10所示。

道路自动喷淋降尘

脚手架自动喷淋降尘

塔式起重机自动喷淋降尘

围挡喷淋系统喷淋降尘

雾炮降尘

车辆自动冲洗

图3.1–10　施工扬尘控制技术的应用

施工噪声控制技术通过选用低噪声设备、先进施工工艺或采用隔声屏、隔声罩等措施有效降低施工现场及施工过程噪声。如图3.1–11所示。

隔声屏

隔声罩

图3.1–11　施工噪声控制技术的应用

根据绿色施工评价标准，通过在施工现场安装智能仪表并借助GPRS通信和计算机软件技术，随时随地以数字化的方式对施工现场能耗、水耗、施工噪声、施工扬尘、大型施工设备安全运行状况等各项绿色施工指标数据进行实时监测、记录、统计、分析、评价和预警。如图3.1–12所示。

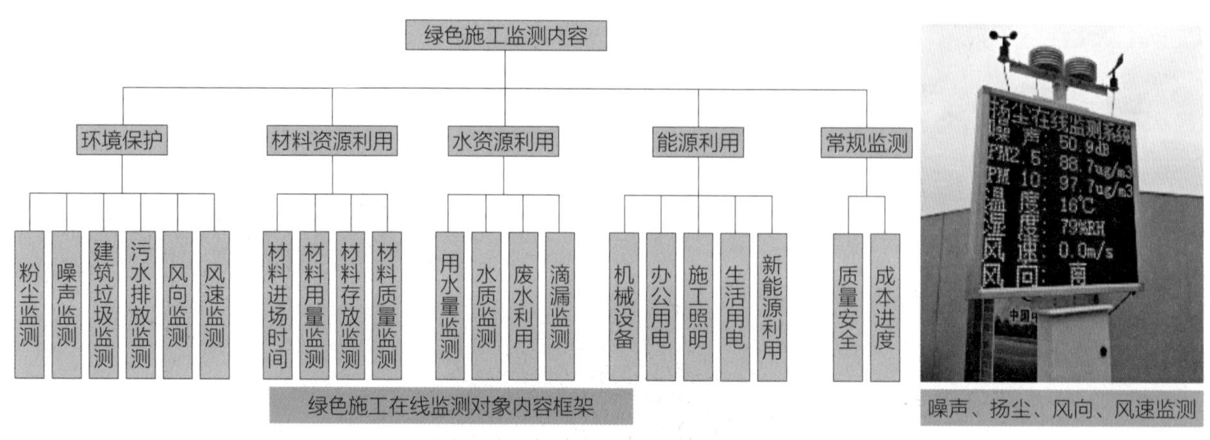

图3.1-12 绿色施工监测内容

八、防水技术与围护结构节能技术

将防水技术和围护结构节能技术合并为一个子项，将围护结构节能部分系统化，对门、窗、墙体材料进行更新，提出了更高热工性能以及防火要求。2017版与2010版相比，本项删除3项技术，新增3项技术。本项技术共包含10项分项技术：防水卷材机械固定施工技术、地下工程预铺反粘防水技术、预备注浆系统施工技术、丙烯酸盐灌浆液防渗施工技术、种植屋面防水施工技术、装配式建筑密封防水应用技术、高性能外墙保温技术、高效外墙自保温技术、高性能门窗技术、一体化遮阳窗技术。

九、抗震、加固与改造技术

近些年建筑抗震日益得到关注，住房和城乡建设部及各地政府主管部门也在积极推广应用减隔震技术，根据目前该领域的研究成果和工程应用现状，2017版与2010版相比，删除3项技术，更新5项技术，新增3项技术。本项技术共包含10项分项技术：消能减震技术，建筑隔震技术，结构构件加固技术，建筑移位技术，结构无损性拆除技术，深基坑施工监测技术，大型复杂结构施工安全性监测技术，爆破工程监测技术，受周边施工影响的建（构）筑物检测、监测技术，隧道安全监测技术。

深基坑支护变形监测系统，是通过土压力盒、锚杆应力计、孔隙水压计等智能传感设备，实时监测在基坑开挖阶段、支护施工阶段、地下建筑施工阶段及竣工后周边相邻建筑物、附属设施的稳定情况，承担着对现场监测数据采集、复核、汇总、整理、分析与数据传送的职责，并对超警戒数据进行报警，为设计、施工提供可靠的数据支持。如图3.1-13所示。

该系统对前端深基坑的围护结构顶部水平位移、深层水平位移、立柱顶水平位移、沉降、支撑结构内力、围护桩内力和锚索应力等数据实时监测。系统实时接收前端监测设备的数据，一旦有任何数据超过警戒线，系统立刻报警，将报警信息发送至设计单位、建设单位和检测机构等，为相关单位做出决策提供数据支撑。

十、信息化应用技术

新形势对信息化技术的概念赋予了新的内涵，增加了移动互联、大数据等技术，BIM向深度和广度发展。同时，根据建筑行业特点，增加了与建筑行业密切相关的BIM、物联网、移动互联网、

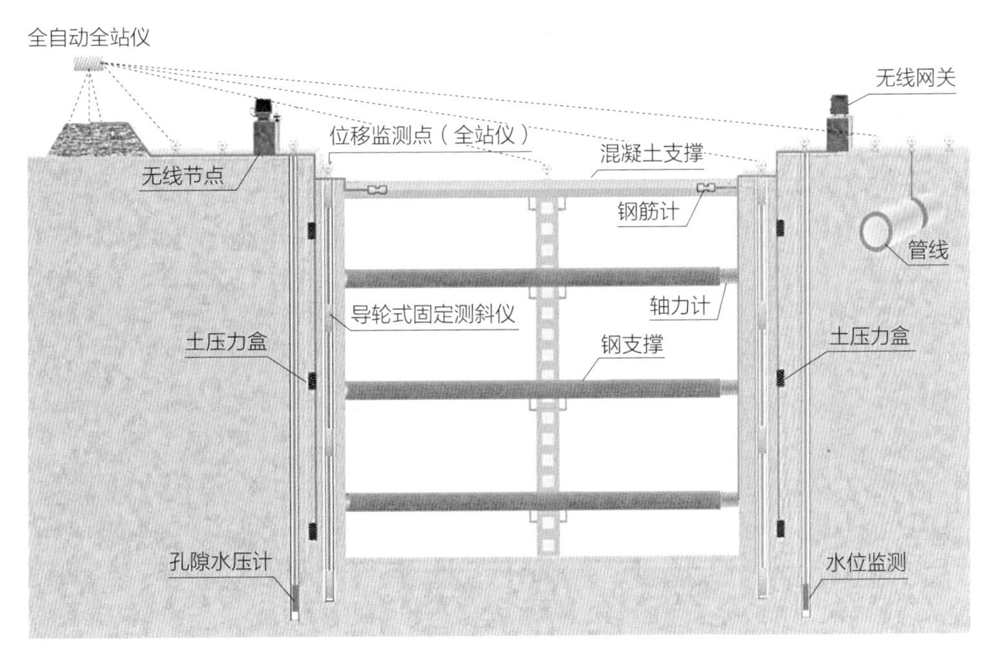

图3.1-13　深基坑支护变形监测系统

智能化等新兴应用技术。2017版与2010版相比，删除4项技术，更新3项技术，新增5项技术。本项技术共包含9项分项技术：基于BIM的现场施工管理信息技术、基于大数据的项目成本分析与控制信息技术、基于云计算的电子商务采购技术、基于互联网的项目多方协同管理技术、基于移动互联网的项目动态管理信息技术、基于物联网的工程总承包项目物资全过程监管技术、基于物联网的劳务管理信息技术、基于GIS和物联网的建筑垃圾监管技术、基于智能化的装配式建筑产品生产与施工管理信息技术。

本项新技术将在后续章节中进行介绍，此处不再赘述。

第二节　BIM技术

一、BIM 介绍

BIM（Building Information Modeling）技术是一种应用于工程设计、建造、运维、管理的数据化工具，通过对建筑的数据化、信息化模型整合，在项目策划、运行和维护的全生命周期过程中进行共享和传递，使工程技术人员对各种建筑信息做出正确理解和高效应对，为设计团队以及包括建筑、运营单位在内的各方建设主体提供协同工作的基础，在提高生产效率、节约成本和缩短工期方面发挥重要作用。

二、BIM 特点

（一）可视化

即“所见所得”的形式，对于建筑行业来说，可视化的真正运用在建筑业的作用是非常大的，例如经常拿到的施工图纸，只是各个构件的信息在图纸上采用线条绘制表达，但是其真正的构造形式就需要建筑业从业人员去自行想象了。BIM提供了可视化的思路，将以往线条式的构件形成一种三维的立体实物图形展示在人们的面前。建筑业也有设计方面的效果图，但是这种效果图不含除构件的大小、位置和颜色以外的其他信息，缺少不同构件之间的互动性和反馈性。而BIM提到的可视化是一种能够展现构件之间互动性和反馈性的可视化，由于整个过程都是可视化的，可视化的结果不仅可以用效果图展示及报表生成，更重要的是，项目设计、建造、运营过程中的沟通、讨论、决策都在可视化的状态下进行。

（二）协调性

协调是建筑业中的重点内容，不论是施工单位，还是业主及设计单位，都在做着协调及相配合的工作。一旦项目的实施过程中遇到了问题，就要将各有关人士组织起来开协调会，找出各个施工问题发生的原因及解决办法，然后做出变更及相应补救措施等来解决问题。在设计时，往往由于各专业设计师之间的沟通不到位，出现各种专业之间的碰撞问题。BIM的协调性服务就可以帮助处理这种问题，也就是说BIM建筑信息模型可在建筑物建造前期对各专业的碰撞问题进行协调，生成协调数据，并提供出来。当然，BIM的协调作用也并不是只能解决各专业间的碰撞问题，它还可以解决例如电梯井布置与其他设计布置及净空要求的协调、防火分区与其他设计布置的协调、地下排水布置与其他设计布置的协调等。

（三）模拟性

模拟性并不是只能模拟设计出的建筑物模型，还可以模拟不能在真实世界中进行操作的事物。在设计阶段，BIM可以对设计上需要进行模拟的进行模拟实验。例如：节能模拟、紧急疏散模拟、日照模拟、热能传导模拟等；在招标投标和施工阶段可以进行4D模拟（三维模型加项目的发展时间），也就是根据施工的组织设计模拟实际施工，从而确定合理的施工方案来指导施工。同时还可以进行5D模拟（基于4D模型加造价控制），从而实现成本控制；后期运营阶段可以模拟日常紧急情况的处理方式，例如地震人员逃生模拟及消防人员疏散模拟等。

（四）优化性

事实上整个设计、施工、运营的过程就是一个不断优化的过程。当然优化和BIM也不存在实质性的必然联系，但在BIM的基础上可以更好地优化。优化受三种因素的制约：信息、复杂程度和时间。没有准确的信息，就做不出合理的优化结果，BIM模型提供了建筑物实际存在的信息，包括几何信息、物理信息、规则信息，还提供了建筑物变化以后的实际存在信息。复杂程度较高时，参与人员本身的能力无法掌握所有的信息，必须借助一定的科学技术和设备的帮助。现代建筑物的复杂程度大多超过参与人员本身的能力极限，BIM及其配套的各种优化工具提供了对复杂项目进行优化的可能。

（五）可出图性

BIM模型不仅能绘制常规的建筑设计图纸及构件加工的图纸，还能通过对建筑物进行可视化展示、协调、模拟、优化，出具各专业图纸及深化图纸，使工程表达更加详细。

三、BIM 应用

BIM技术作为施工企业数字化转型核心技术之一，企业在推广BIM技术过程中需要结合企业务管理，找到业务契合点，有规划、有目的性地落地，企业数字化转型目标是围绕业务管理提升，组织变革提升，最终实现商业模式重塑，提升企业竞争力。

BIM在施工阶段全过程应用，如前期策划准备、BIM深化、生产全过程管理协调、竣工交付均有涉及，见表3.2–1。企业需结合自身条件和引入BIM技术的目的，聚焦业务提升的突破点，从而利用BIM技术实现对原有业务的提升，在此应用的过程中，进一步完善企业BIM人才机制、管理机制、企业BIM标准，逐步提升企业的BIM技术应用综合能力。

施工过程 BIM 常规应用清单　　表 3.2–1

<table>
<tr><th>阶段</th><th>BIM应用</th><th>BIM应用点</th><th>规定项</th><th>推广项</th></tr>
<tr><td rowspan="8">施工策划阶段</td><td rowspan="8">BIM深化设计与施工策划应用</td><td>施工BIM模型提量，精度不低于LOD300</td><td></td><td></td></tr>
<tr><td>多专业模型集成，模型WBS分解准备</td><td></td><td></td></tr>
<tr><td>BIM三维场地布置方案策划</td><td></td><td></td></tr>
<tr><td>BIM机电碰撞检查</td><td></td><td></td></tr>
<tr><td>BIM机电深化出图</td><td></td><td></td></tr>
<tr><td>BIM施工方案模拟，辅助施组、专项方案完善</td><td></td><td></td></tr>
<tr><td>安全管理策划</td><td></td><td></td></tr>
<tr><td>质量管理策划</td><td></td><td></td></tr>
<tr><td rowspan="7">施工过程管理阶段</td><td rowspan="7">BIM施工过程管理应用</td><td>进度可视化管理</td><td></td><td></td></tr>
<tr><td>质量巡检、工序验收、智能测量管理</td><td></td><td></td></tr>
<tr><td>安全巡检、危大工程轻量化管理</td><td></td><td></td></tr>
<tr><td>可视化技术交底</td><td></td><td></td></tr>
<tr><td>图纸及变更协同管理</td><td></td><td></td></tr>
<tr><td>BIM数字化会议管理</td><td></td><td></td></tr>
<tr><td>装配式构件跟踪管理</td><td></td><td></td></tr>
<tr><td>竣工交付阶段</td><td>BIM竣工交付维护应用</td><td>BIM模型与施工全过程信息集成维护</td><td></td><td></td></tr>
<tr><td rowspan="3">全过程</td><td rowspan="3">BIM+集成统一平台协同化应用</td><td>多参与方统一集成平台协同</td><td></td><td></td></tr>
<tr><td>BIM模型与施工全过程信息可视化协同</td><td></td><td></td></tr>
<tr><td>BIM模型与物联网IOT虚实协同</td><td></td><td></td></tr>
</table>

四、BIM 价值

（一）BIM在施工策划阶段的应用

BIM模型提量：预算模型量，通过BIM预算算量软件，完成建模，提取工程预算工程量。施工模型量，通过BIM施工算量软件，完成建模，施工模型与施工进度保持一致，提取竣工结算工程量，形成两算对比。当下BIM建模软件种类繁多，建议使用具备通用模型接口的软件进行建模，过程减少异构数据源转换，实现在施工过程中的一模多用。

多专业模型集成与工程结构分解：BIM应用涉及施工全过程，在施工过程管理应用中，因涉及多专业模型，需将多专业模型进行集成，在统一平台实现多专业协同管理，从而解决多专业协同难的问题。

BIM模型工程分解结构（WBS分解）：BIM模型如何与施工全过程各阶段协同，需要将模型按施工单元的任务拆解，如单体—楼层—专业—流水段，通过WBS拆解与进度、质量、安全、材料等业务数据挂接，使BIM模型具备施工过程要素，提升信息协同效率和准确性，通过BIM可视化，指导施工过程。如图3.2–1所示。

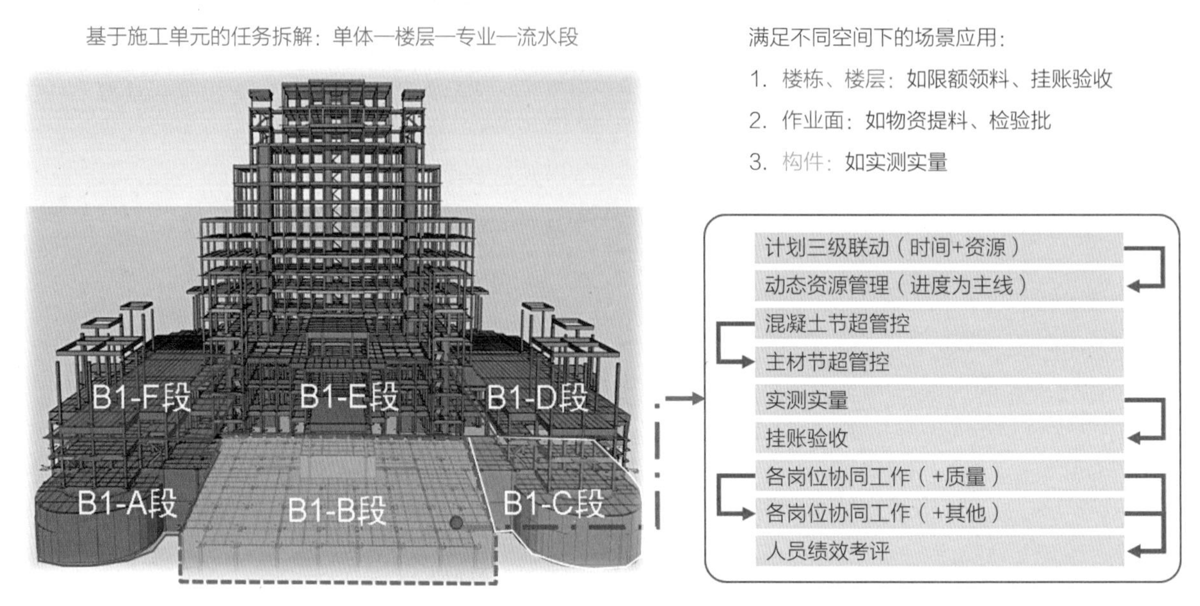

图3.2–1　BIM模型工程分解结构

BIM三维场地布置方案策划：工程项目场地三维策划，利用BIM模型快速输出各阶段的二维图、三维图、各阶段的临建材料量及施工现场数字版的航拍视频，通过三维可视化模拟，使场地布置方案更加合理，规避后期因场地规划而产生问题。如图3.2–2所示。

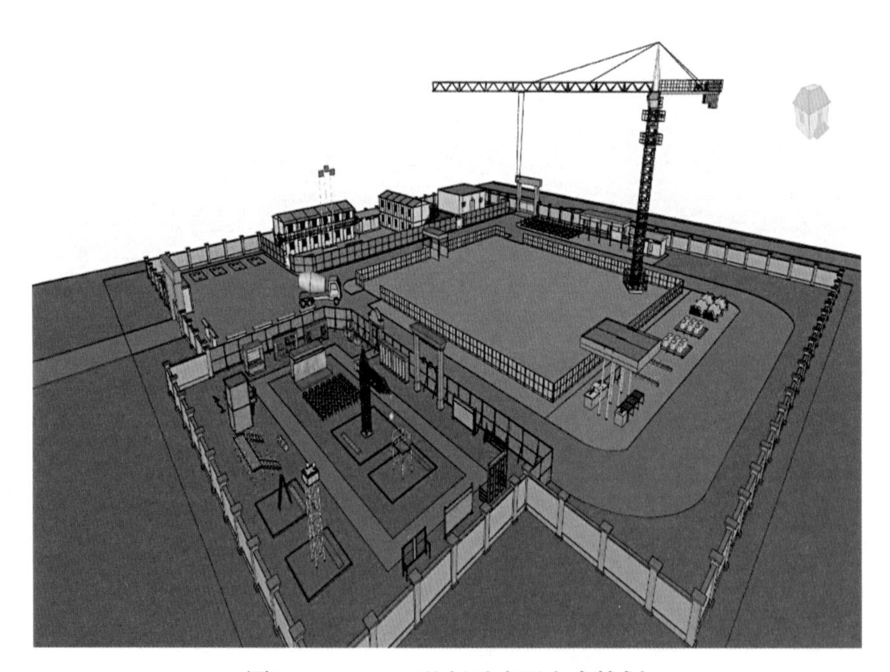

图3.2–2　BIM三维场地布置方案策划

BIM机电管线碰撞检查：通过BIM技术对管道密集区域进行综合排布设计，虚拟各种施工条件下的管线布设、预制连接件吊装的模拟，提前发现施工现场存在的碰撞和冲突，尽早发现施工过程中可能存在的碰撞和冲突，有利于减少设计变更，提高施工现场的工作效率。如图3.2–3所示。

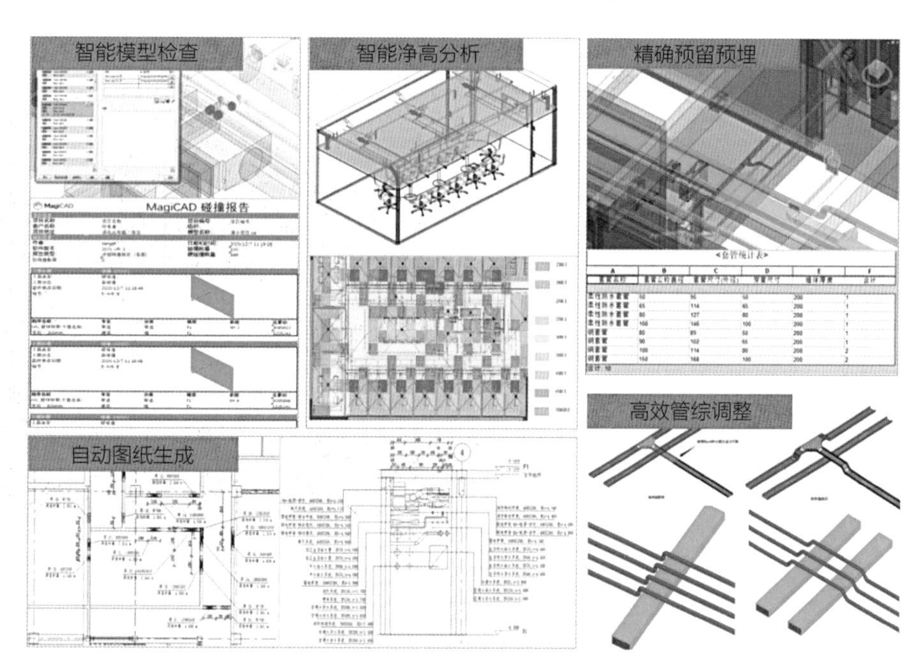

图3.2–3　BIM机电碰撞检查

BIM机电深化出图：当下机电图纸标准化不足，出图工作量大，手工出图花费大量时间，通过BIM软件自动识别构件对象匹配合适标注，智能避让与识别平行管线，一键平面出图，自动提取管线/支吊架/孔洞剖面视图，一键剖面出图。

BIM施工方案模拟：传统的施工作业中，因为各阶段之间的沟通不畅以及相互之间协作能力较差，往往是一边施工一边调改，造成了人力、物力以及财力的大量浪费，通过BIM技术虚拟建造模拟，将建筑物在虚拟世界进行全过程建造模拟，从而发现过程中问题，提前规避。

BIM施工模拟通过平台将进度文件（时间）、计价文件（人机料）挂接BIM模型WBS，赋予模型生产要素信息，平台根据进度进行模拟建造，通过虚拟施工直观识别进度计划冲突，输出资源/资金曲线。如图3.2–4所示。

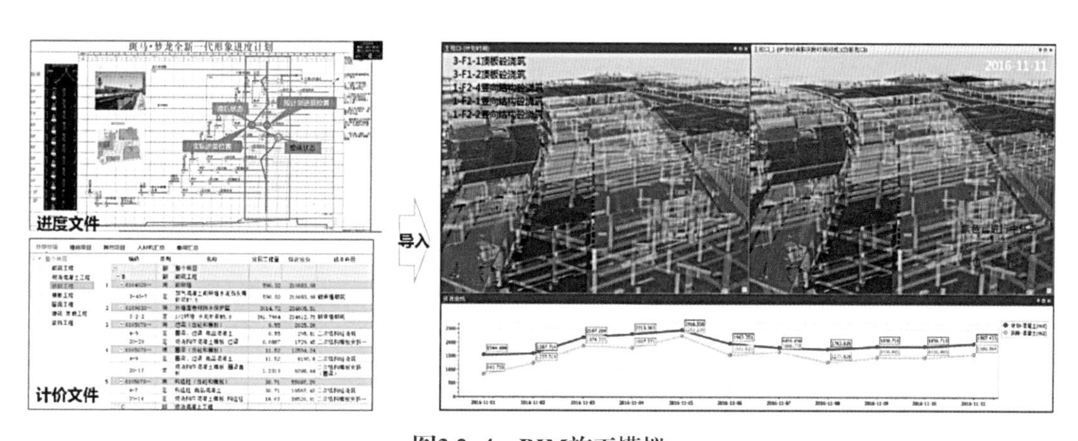

图3.2–4　BIM施工模拟

安全管理策划：基于集成平台国标风险清单库，更加快速确定风险点，通过标准的风险分级管控流程进行风险辨识、风险评价、分级管控，实现安全风险预控、关口前移，将项目风险点与BIM模型（模型可导入BIM电子沙盘）建立关联，通过模型实时查看风险管控信息，实时、全面掌控项目风险分布，不让风险转化为隐患，让策划到执行不再停留在纸面上。如图3.2–5所示。

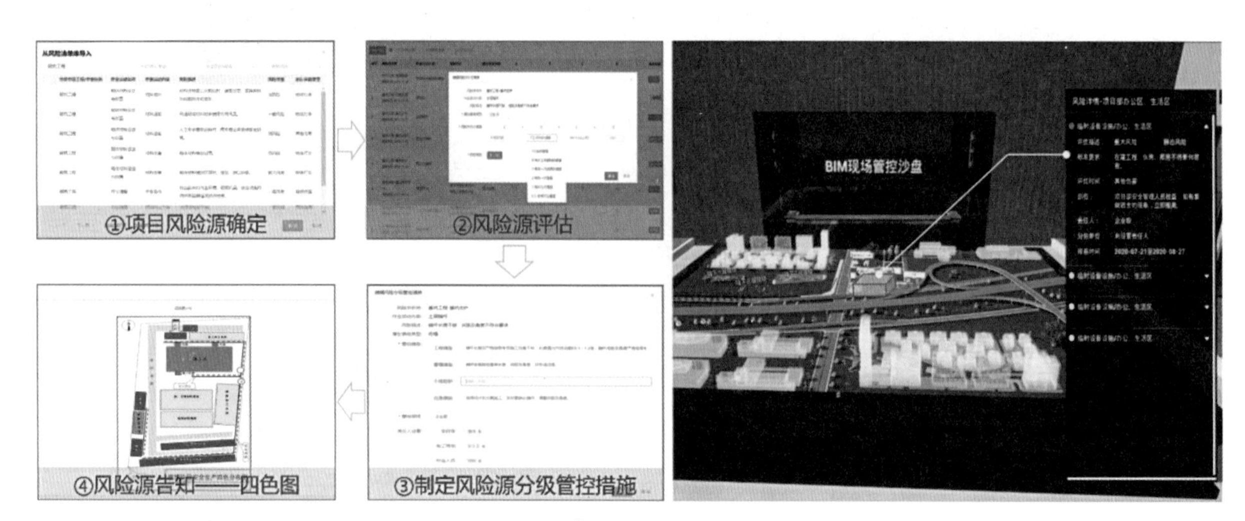

图3.2–5　BIM电子沙盘

质量管理策划：相较于传统工作模式，通过集成平台内置国标，更加高效地完成策划，与BIM模型、图纸挂接，利用BIM可视化、移动端，更加直观清晰，便于策划执行跟踪。

（二）BIM在施工过程管理阶段应用

进度可视化：施工进度和实际进度通过施工段、构件大小类与BIM模型进行关联，将二维进度计划转化为可视的三维进度模型，集合施工空间信息和时间信息，把施工现场的进度进行形象、具体、直观的模拟，便于合理制定施工进度计划。

质量管理：系统内置常见质量问题，企业统一设置问题分类方式、等级、紧急程度等信息，规范项目质量巡检管理动作，质量问题发现—整改—复查销项形成闭环管理。

工序验收：内置工序验收标准库，明确验收范围、内容、要求和标准，选择相应的单体、楼层、检验批、BIM模型构件进行挂接推动验收标准化，真实把控重点项目验收进度情况。从项目固化验收流程，保障自检有效。清单式验收检查，验收表单自动输出，提升验收效率。举牌验收拍照，过程留痕可追溯。

施工现场实测实量数据通过智能硬件自动测量并上传，系统自动判断构件质量是否合格，帮助质检员提高工作效率，减少测量误差。

安全管理：安全管理系统中内置了以风险点为基本单元的隐患排查标准清单，企业、项目根据实际情况制定隐患排查计划，相关责任人手机端可收到隐患排查代办任务，按照任务有计划、有目的地进行安全巡检，精准的隐患分类、分级管理标准，规范了具体工作流程，变原有的随机检查为量化检查。

危大工程管理轻量化：安全管理软件提供危大工程的管控任务库，自动带出管控任务及要点，形成企业管控标准，利用手机端进行危大工程过程管控，包括方案查看、进度记录、旁站监督、安全检查、管控要点执行、验收等业务动作。

技术交底可视化：利用可视化特点，在施工组织设计和专项方案的编制过程中，对基坑支护、高大支模等专项内容，利用BIM技术手段进行方案模拟，并结合现场实际情况选取最优化做法，制作动画视频或漫游，可直观对关键技术方案实现三维场景交底。

利用深化设计后的模型，对技术人员以及施工班组进行交底，指导后期施工，比剖面图更直观地体现复杂节点做法，避免多工种多专业在施工时出现争议，在提升工作效率的同时也提升了工作质量。

图纸及变更协同管理：项目技术人员在施工图纸和模型中快速录入变更问题、图纸会审问题及工程洽商事项，项目成员直接通过手机浏览变更问题，减少变更资料发布过程。问题与图纸关联后在施工过程中手机端自动提醒，避免变更及会审问题遗漏，减少由于人为原因导致的项目返工。变更部位的施工情况可通过手机端进行跟踪，并将BIM模型与设计变更通知单、施工现场的一致性进行核查更新，对应绑定增加工程量经济签证，技术负责人实时查看变更执行情况，做到心中有数，实现统筹管理。

数字例会：利用BIM生产管理，召开线上数字例会，替代原有人工收集数据、制作汇报资料等传统的低效模式，直观展示，数据区分，责任到人，避免扯皮，高效高质。

装配式构件跟踪：通过BIM+Cloud形式，利用手持移动设备对数据进行采集，实现便捷化的数据录入，实时同步到网页及PC端上，便于管理人员实时查看。自定义管控点，对管理过程中发现的风险点进行预警。细化传统管理颗粒度，实现装配式项目构件级的精细化管控。

（三）BIM在竣工交付阶段应用

BIM模型与施工全过程信息集成维护：通过在施工全过程应用BIM技术，基于BIM模型集成施工全过程生产要素信息，相较于传统交付资料档案，一个BIM模型即一套完整交付资料，更加直观清晰，通过BIM模型可视化还能够快速查询、溯源。

（四）集成平台协同应用

多参与方统一集成平台协同：BIM协同应用，通过统一集成平台（具备多参与方，分级分层管控，不同岗位授权），将多专业BIM模型集成、施工过程要素信息集成，形成数据分析，实现多参与方协同工作，信息实时共享，从而更好地协同工作，节约资源和提高工作效率，依托数据和经验更加合理地决策管理。

BIM模型与施工全过程信息可视化协同：通过BIM集成平台，将施工过程进度、质量、安全、变更、图纸资料、节点模型、专项方案、工程量等要素信息基于BIM模型工程分解结构（WBS）进行挂接，将对应工作任务信息自动归集，从而形成施工过程阶段BIM模型（生产全过程信息），通过BIM可视化，更加清晰直观，各参与方能够直观了解情况，提高效率。

BIM模型与物联网IOT（智能设备）虚实协同：随着物联网技术成熟，智慧工地应用推广，软硬一体化，作为BIM+技术融合发展的一个方向，利用BIM+智慧工地，物联网IOT智能设备更加高效地收集现场实体信息。通过BIM可视化，实现虚拟信息与实体信息的协同，如智慧工地智能设备预警，通过BIM模型定位，直观了解具体位置，不需要再查询图纸，现场基于相应管理制度，快速响应解决问题，大大提高工作效率，同时也降低了风险。

五、BIM 应用案例（网易杭州软件生产基地二期工程）

（一）项目概况

网易杭州软件生产基地二期工程，位于时代大道与滨安路交叉口向东200米位置，南面为规划中的江二路，西面为时代大道高架。项目总投资额约9亿元，地上建筑面积19.3万平方米，地下建筑面积8.4万平方米。项目由6个建筑单体组成，分别为3栋（D、E、F）9层厂房、1栋（G）4层行政辅助用房，南、北两个两层高地下室。建筑采用纯框架结构，外立面采用玻璃幕墙、陶土板幕墙、铝单板。工程效果图如图3.2-6所示。

图3.2-6　网易杭州软件生产基地二期工程

（二）建设内容

该项目BIM应用主要体现在管理平台、定制版三维场布软件、工艺视频展示、基于Revit的机电安装插件、无人机和精装修VR应用等方面。

1．BIM应用管理平台

该平台以三维模型和数据为载体，关联了施工过程中的进度、合同、成本等相关信息，为项目提供数据支撑，达到了减少施工变更、缩短工期、控制成本、提升工程质量的目的。

基于该理念的管控系统，可以进行进度款管理、联系单管理、资料管理、材料管理、成本管控，从而实现全方位的BIM技术动态管理。

（1）虚拟建造

通过BIM模型联动进度、成本、产值、资源，实现进度推进模型生长，实现模拟建造，四算对比。如图3.2-7所示。

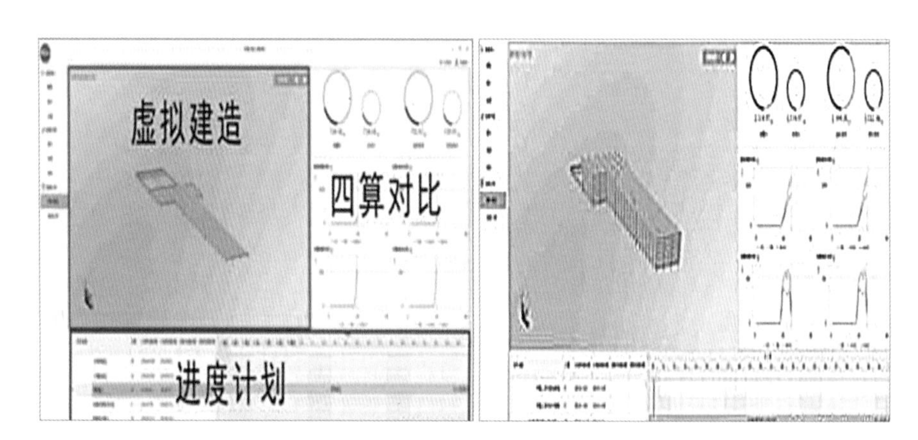

图3.2-7　虚拟建造

（2）资产管控

通过BIM提取资源，生成项目资源需求清单，同步到合同及采购应用中。如图3.2-8所示。

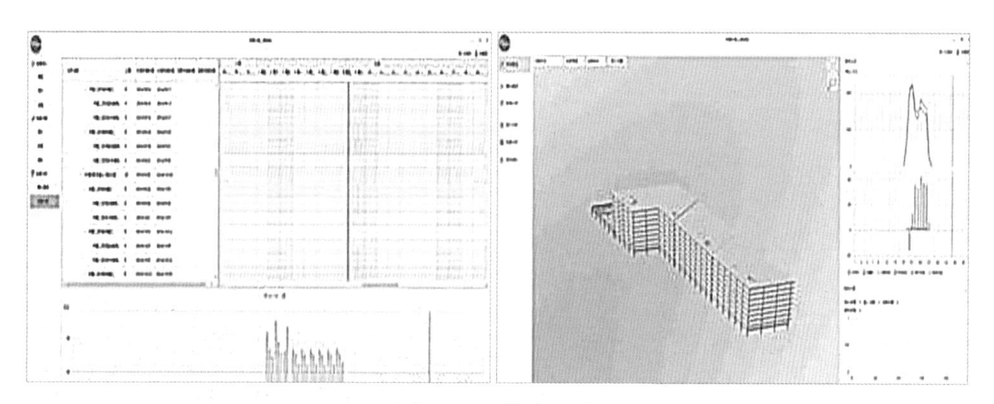

图3.2-8　资产管控

2．定制版三维场布

承建单位中天二建与外单位采用费用互免的合作方式，研发了中天二建定制版三维场布软件：第一阶段制作了80项CIS、安全类等标准构件；下一步研发工作将引入全坐标系，结合无人机GPS定位功能，尝试运用于土方量测算。

（1）大门对比（图3.2-9）

图3.2-9　大门对比

（2）围墙对比（图3.2-10）

图3.2-10　围墙对比

（3）外架标语对比（图3.2–11）

图3.2–11　外架标语对比

（4）“八牌二图”对比（图3.2–12）

图3.2–12　“八牌二图”对比

（5）办公区对比（图3.2–13）

图3.2–13　办公区对比

（6）生活区对比（图3.2–14）

图3.2–14　生活区对比

（7）钢筋加工棚对比（图3.2–15）

图3.2–15　钢筋加工棚对比

（三）基于Revit的机电安装插件

中天二建通过与集团合作，开发了基于Revit平台的综合支吊架自动布置插件，实现了不同管线支吊架的快速排布，大大减少了手动布置的重复工作。如图3.2–16所示。

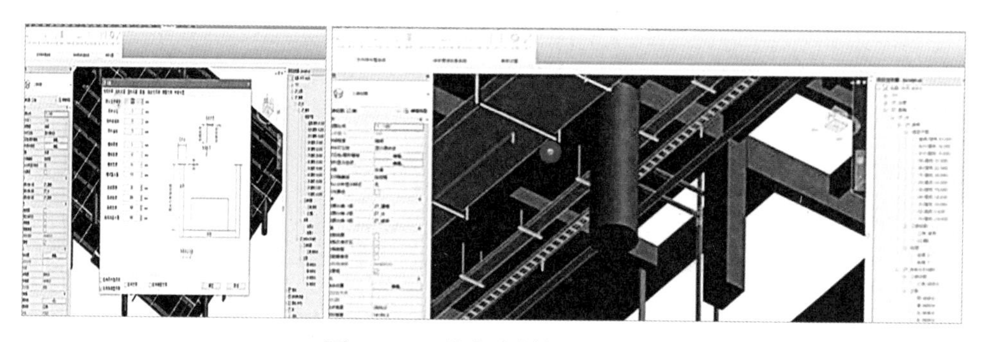

图3.2–16　综合支吊架自动布置

第三节　物联网（IOT）技术

一、技术介绍

物联网是通过在建筑施工作业现场安装各种RFID、红外感应器、全球定位系统、激光扫描器等信息传感设备，按约定的协议，把任何与工程建设相关的人员或物品与互联网连接起来，进行信息交换和通信，以实现智能化识别、定位、跟踪、监控和管理的一种网络。弥补传统方法和技术在监管中的缺陷，实现对施工现场人、机、料、法、环的全方位实时监控，变被动“监督”为主动“监控”。

物联网技术是多项技术的总称，从其技术特征和应用范围来讲，物联网的技术可以分为自动识别技术、定位跟踪技术、图像采集技术、传感器与传感网络技术。

（一）自动识别技术

自动识别技术主要包括条形码技术、RFID技术、人脸识别技术和其他识别技术。

1．条形码技术

条形码（Barcode）技术是由一系列规则排列的条、空及其对应字符组成的标记，用以表示一定的信息，条形码中的信息需要通过阅读器扫描并经译码之后传输到计算机中，信息以电子数据格式得以快速交换，实现目标动态定位、跟踪和管理。条形码技术克服了传统手工输入数据效率低、错误率高以及成本高的缺点，因此逐渐被应用于建筑施工行业，实现以较少的人力投入，获取高效准确的信息。

2．RFID技术

RFID全称为Radio Frequency Identification（中文名为“射频辨识系统”），是一项利用射频信号通过空间电磁耦合实现无接触信息传递并通过所传递的信息实现物体识别的技术。RFID在复杂的施工现场也具有很好的发展空间和应用优势，可以针对恶劣工作环境下的信息进行有效收集和管理。

3．人脸识别技术

人脸识别技术是基于人工智能算法的图像采集处理技术，通过构建人脸识别系统的一系列相关技术，如人脸图像采集、人脸定位、人脸识别预处理、身份确认以及身份查找等相关技术，基于人的脸部特征对输入的人脸图像或视频流，提取每个人脸中所蕴涵的身份特征，并将其与已知的人脸进行对比，从而识别每个人脸对应的身份。相对于指纹、视网膜、虹膜等其他人体生物特征，人脸识别系统具有更直接、友好、方便等特点，容易被使用者接受。

4．其他识别技术

日常生活中可能接触到的自动识别技术还有语音识别技术、光学字符识别技术（OCR）、生物识别技术（如指纹）、磁条等。

（二）定位跟踪技术

定位跟踪技术主要包括室外定位跟踪技术和室内定位跟踪技术。

1．室外定位跟踪技术

室外定位跟踪技术通常称为全球定位系统（GPS），是一种基于卫星导航的定位系统，其主要功能是可以实现对物体定位以及速度等的测定，并提供连续、实时、高精度三维位置，三维速度和时间信息，在测量各个领域中得到了较广泛的应用，全天候采集和不受空间通视条件的限制，作业效率大幅度提高，特别是在大面积控制测量中，更能体现其独特的优势。

2．室内定位跟踪技术

室内定位跟踪技术又称为短距离无线通信技术，它的发展充分弥补了GPS技术在复杂环境条件下应用的问题，为复杂施工条件下确定人员、车辆的位置信息，提高施工现场人、机、料管理能力提供了技术保证。室内定位跟踪技术通常包括无线保真技术（Wireless Fidelity，Wi-Fi）、蓝牙技术（Bluetooth）、UWB（Ultra Wide Band）和ZigBee技术。

（三）图像采集技术

目前，图像采集技术在施工现场的应用主要聚焦在视频监控技术和3D激光扫描技术。

1．视频监控技术

视频监控技术也称图像监控，施工现场视频监控技术主要是通过部署在建筑工地现场的摄像机获取视频信号，再将视频信号进行处理和传输，便于显示和读取。以物联网的角度看待视频监控系统，其感知层主要包括各类监控摄像头以及它们与网络层的数据通信设备。其应用层主要为显示监控视频，较为复杂的可能包括监控视频的地理位置分布、自动切换等便于用户使用的功能。施工现场视频监控技术目前已经非常成熟，可直接应用于工程实际建设过程中。

2．3D激光扫描技术

3D激光扫描（Laser Distance and Ranging，LADAR）技术是20世纪90年代中期开始出现的一项高新技术，是继GPS空间定位系统之后的又一项测绘技术新突破。它是利用激光测距的原理，对物体空间外形、结构及色彩进行扫描，记录被测物体表面大量的密集点的三维坐标、反射率和纹理等信息，可快速复建出被测目标的三维模型及线、面、体等各种图件数据，形成空间点云数据，并加以建构、编辑、修改，生成通用输出格式的曲面数字化模型。3D激光扫描技术为快速建立结构复杂、不规则场景的三维可视化数字模型提供了一种全新的技术手段，高效地对真实世界进行3D建模和虚拟重现。

（四）传感器与传感网络技术

传感器是能感知指定的被测量信息，并能按照一定的规律转换成可用输出信号的器件或装置。无线传感器网络就是由部署在监测区域内大量的微型传感器节点组成，通过无线通信方式形成的一个自组织网络。一个无线传感器网络可将不同的传感器节点布置于监控区域的不同位置并自组织形成无线网络，协同完成诸如温湿度、噪声、粉尘、速度、照度等环境信息的监测传输。

二、智慧工地应用

智慧工地通过传感器、智能安全帽、智能工程车载设备、起重机安全检测设备、人员识别设备、环境监测、无人机等物联网终端，对施工现场数据进行自动采集、分析、处理，实现施工过程的在线可视化、实时预警和协同管理，实现人、机、料、法、环的全过程管理，构建智慧工地一体化管理模式，推动施工项目迈向标准化、科学化和智能化的管理。如图3.3-1所示。

（一）自动识别技术应用

1．条形码技术

条形码技术主要应用于建筑材料和机械设备的管理，通过移动终端设备扫描，实时获取管理数据，完成从材料计划、采购、运输、库存的全过程跟踪，实现材料精细化管理，减少材料浪费。还可以利用其制作现场工作人员的工作卡，方便对现场人员的管理和控制。

2．RFID技术

RFID技术在智慧工地应用中主要用于现场人员、机械、材料（包括预制构件）的跟踪和现场安全方面的管理工作。在PC装配式建筑施工中，通过内置于预制构件中的RFID，配合手持读写器，

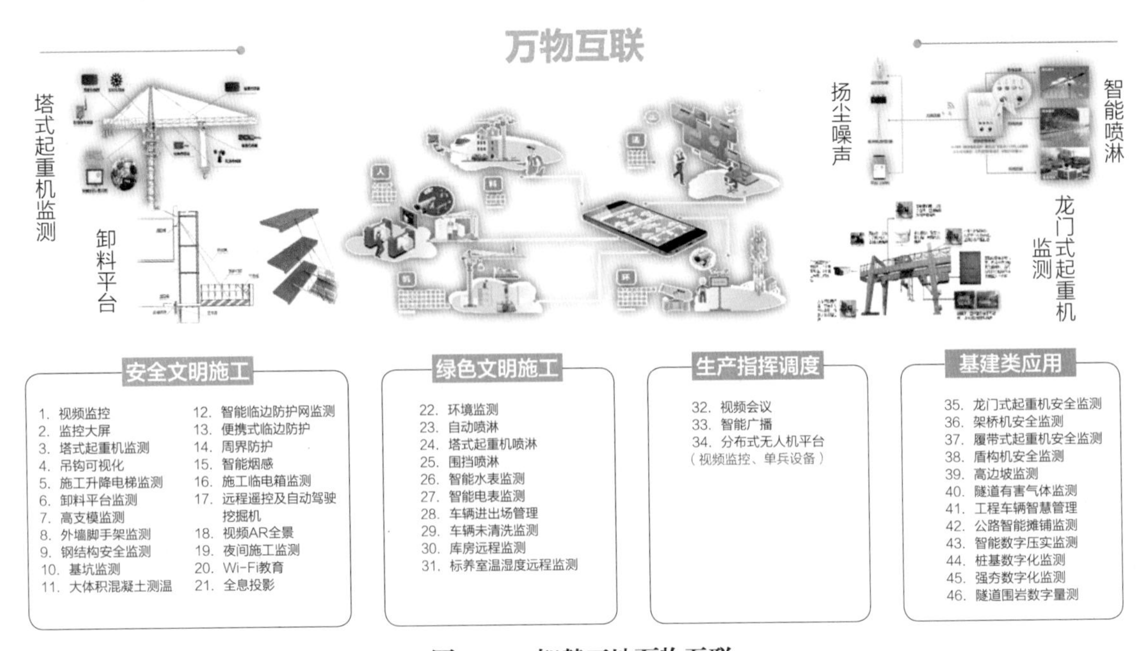

图3.3–1　智慧工地万物互联

精确定位构件的吊装位置。通过监测场区范围内施工人员身上的RFID标签，掌握施工现场人员状况，包括精确掌握人员考勤、各工种上岗、现场进出情况等，实现现场人员智能化管理。还可以通过RFID跟踪危险物品或现场废弃物，监视工作人员位置，当处于或即将处于危险区域时，对其提出警告。

3．人脸识别技术

人脸识别技术是一种可实现身份认证的生物特征识别技术。随着在各行各业的逐渐认识及应用，人脸识别技术不断完善，现在已经被越来越多地推广到门禁和考勤等应用领域。目前，人脸识别技术在施工现场主要应用在自动门禁系统、身份证件的鉴别等领域，进行人员登记、考勤、信用管理等，提高现场人员管理的效率。

（二）定位跟踪技术应用

1．GPS技术

GPS技术在高层建筑施工的放样与定位、大坝建设与监测、道路及桥涵的定位与控制等方面有着广泛的应用前景，其准确的测量度使得工程施工质量和效率不断提升，而且节约了大量施工成本，实现了经济效益的提升。GPS技术被用于施工现场管理的三个方面：一是用于各种等级的大地测量与线路放样，测量员在GPS技术使用中，仅需将GPS定位仪安装到位并开机即可，GPS定位仪可自动化完成大地测量；二是对施工人员和施工车辆的定位跟踪，科学合理地完成车辆运营调度，掌握施工机械的工作路线以及工作状态；三是主要用于获取施工坐标系与大地坐标系的换算关系，对建筑物变形及振动进行连续观测，获取准确数据。在此过程中，观测基点主要是确定起算点及方向，这样即使变换观测点也不会对观测精度产生影响，从而满足工程施工需求。

2．Wi-Fi定位技术和蓝牙技术

Wi-Fi定位技术一般采用经验测试和信号传播模型相结合的方式，易于安装，需要较少基站，能采用相同的底层无线网络结构，系统总精度高。蓝牙技术（Bluetooth）是一种短距离低功耗的无线传输技术。蓝牙技术主要应用于小范围定位，其最大的优点是设备体积小、易于集成在PDA、PC以及手机中，因此很容易推广普及。

Wi-Fi和蓝牙两种技术更适合于在室内的环境下工作。由于其技术存在一些限制，在施工管理中应用得比较少。主要的应用是对建设工程相关资源的定位，以及通过与无线传感器或其他的数据采集技术相结合，减少现场电缆、数据线的数量，进而提高现场管理水平。

3．UWB（超宽带）三角定位技术

UWB三角定位技术是一种新兴的无线通信技术，它使用三角测量法精确算出使用者的位置，可使定位误差在2cm之内，优于全球卫星定位技术，传输速率也远远高于蓝牙技术，具有传输速率高、通信距离短、定位精度高、抗干扰性能强、通信保密度高、抵抗恶劣环境等技术特点。UWB技术主要用于施工现场危险区域安全管理，在不同作业环境下定位跟踪施工人员、设备和材料以及现场事故搜索营救等工作。

4．ZigBee技术

ZigBee技术是一种新兴的短距离、低速率无线网络技术，它介于射频识别和蓝牙之间，也可以用于室内定位。由于通信效率非常高，并且具有低成本、低耗电量、可靠度高、扩展性好、传输距离远等特点，一般适用于建筑施工现场环境监测，也用于人员定位、建筑材料的跟踪、门禁安全监控等。

（三）图像采集技术应用

1．视频监控结合图像识别跟踪技术

视频监控结合图像识别跟踪技术逐步向自动化和智能化方向发展。一方面，结合具体的场合可应用于多个活动过程的识别跟踪，如遇施工现场人员未佩戴安全帽、施工面抽烟、危险动作等场景时，系统能实时判定出施工人员的准确位置，并触发相应摄像头，对施工人员及交互场景进行多角度、多画面拍摄；另一方面，实现精准定位技术，摄像头对演讲者采用"紧盯"方式：即使施工人员小幅度地转身、移动，摄像头也随之移动，不仅自动拍摄，同时进行动作分析，并自动报警。当遇施工现场环境复杂，材料、设备、人员位置相对混乱时，结合人员手动介入，更能及时发现违规行为。

2．3D激光扫描技术

3D激光扫描技术具有速度快、精度高的优点，而且其测量结果能直接与多种软件接口，因此在CAD、CAM、CIMS等技术应用日益普及的今天，3D激光扫描技术很受欢迎，在文物古迹保护、建筑、规划、室内设计、建筑监测等领域也有很多的尝试、应用和探索。

3D激光扫描技术与BIM技术集成应用于智慧工地。通过三维激光扫描，结合BIM技术实现高精度钢结构质量检测及变形监测。现场通过3D激光扫描获取安装后的钢结构空间点云，通过配套软件建立三维数字模型，与BIM设计模型比较特征点、线、面的实测三维坐标与设计三维坐标的偏差值，从而实现成品安装质量的检测。对于古建筑，3D激光扫描技术可快速准确形成电子化记录以保存当前状况，形成数字化存档信息，方便后续的修缮改造等工作。

（四）传感器与传感网络技术应用

无线传感器网络广泛应用于工业和民用领域的远程监控中，包括工业过程监控、机械健康监测、交通控制、环境监控等。在工程领域的应用已经从机械运行监测、混凝土的浇筑过程监控扩展到大坝、桥梁、隧道等复杂工程的测量或监测。

1．高支模监测

高支模变形监测可以通过安置传感器，实时监测高大模板支撑系统的模板沉降、支架变形和立杆轴力，实现高支模施工安全的实时监测。

2．机械监测

安装于塔式起重机、外用电梯等各类传感器与无线通信模块共同实现机械当前运行参数的实时监测，防控机械运行风险。

3．大型结构构件受力安全监测

将应变仪嵌入混凝土构件内，通过收集混凝土的应力、应变变化，监测构件的安全性。

4．基坑监测

通过投入式水位计、轴力计、全自动全站仪、固定测斜仪等智能传感设备，实时监测基坑开挖阶段、支护施工阶段、地下建筑施工阶段及竣工后周边相邻建筑物、附属设施的稳定情况，包括地下水位监测、支撑应力监测、水平位移监测，保证基坑边坡安全。

三、应用价值

物联网技术可进行大范围、全球定位系统的精确定位，可实现红外传感器等设备传感功能，并依托相关技术人员建立相应的现场施工信息数据，对相关信息数据进行科学分配和高度整合，方便相关人员对后期数据信息进行分析。同时，物联网技术可智能化收集数据信息，有效地跟踪每一项工作任务的具体流程，科学、细致地进行权责划分，实现对责任的跟踪落实，不仅能够提高工程项目管理效率，而且可为工程质量打下良好基础。最终，涉及建设的相关部门可以利用物联网技术及时掌握具体施工情况，并对工程提出相关建议，为工程施工提供保障，最大限度地满足各方需求。

归纳物联网技术主要应用价值如下：

一是全面感知。利用传感器、RFID、二维码等采集技术，随时随地获取现场人员、材料和机械等的数据。

二是可靠传送。通过通信网络与互联网，实时获取的数据可以随时随地地交互、共享。

三是智能处理。利用云计算、大数据、模式识别等智能计算技术，对海量的数据进行分析与处理，提取有用的信息，实现智能决策与控制。

第四节　AR和VR技术

一、技术介绍

AR的英文名为Augmented Reality（简称AR），即增强现实，AR增强现实技术能够将真实世界的信息与虚拟世界的信息内容综合在一起，通过计算机、仿真软件等工具将其原本难以在现实世界的空间范围内具象化的内容实施模拟仿真处理，并叠加虚拟信息内容，使其最终能在真实世界中加以应用，令人获得直观的感官感受，拥有真实的感官体验。真实环境与虚拟物体进行重叠，出现在同一感官画面及空间中。

VR的英文名为Virtual Reality（简称VR），即虚拟现实，包含了计算机、电子信息、仿真等技术，通过计算机模拟虚拟环境给人带来一种环境沉浸感。VR技术将虚拟和现实巧妙地结合在一起，创建出了一套可以体验虚拟世界的计算机仿真系统，通过计算机技术产生的电子信号，将其与各种输出设备结合，使其转化为能够让人们感受到的现象。

从概念上来讲，AR是一种将虚拟信息和真实世界完美叠加的人机交互技术；VR则是一种能够使人置身于虚拟世界中的人机交互技术。通俗地说，AR能够给人赋能，让人在现实世界中拥有“超能力”；VR则是将人投射到虚拟世界中，让人在虚拟世界中获得感官刺激。

在功能特点上，AR是将虚拟与现实相结合，更注重实用性，在生活和工作上为人们提供更多帮助，带来更多便捷；而VR是创造一个逼真的虚拟世界，更注重趣味性，在视觉、听觉、触觉等方面为人们带来身临其境的感官体验。

二、智慧工地应用

BIM技术在建筑工程领域中有着突出的应用优势，可以在建筑相关的数据信息基础上构建模型，结合AR虚拟仿真技术实现对建筑物真实信息的模拟，其贯穿于整个工程的设计、施工和运营全过程，具有可视化、直观化等无可比拟的优越性，能够突破时空和其他条件的限制，更好地解决工程施工过程中的实际问题，为建筑安全管理带来新的变革。

（一）问题会诊

AR技术可在施工现场加载虚拟的施工内容，可以在现场施工过程中减少对施工图纸的误解以及失真的信息传递所造成的巨大损失，减少施工员多次识图的时间。施工员也可实时将画面传输回来，计算机前的技术专家看着现场传回的实时画面，通过远程指挥辅助施工，解决施工难点问题，从而提高施工效率。

（二）VR会议

相关人员可以参加VR会议，在真实比例的环境中轻松查看和导航项目的复杂元素。

（三）管理预测

VR模型可以帮助用户理解和可视化变化对项目环境的影响，可以防止进度延误，识别冲突元素并减少成本超支。

（四）VR精装样板

利用VR技术制作室内精装模型，戴上VR头显，就可以身临其境地进入房间，犹如“走进”了“样板房”一样。并且可通过扫描二维码，在手机端查看VR全景漫游，直接查看挂接在模型上的各类信息。

（五）VR质量现场样板

以三维动态的形式全真模拟施工现场真实场景和施工工艺要求；实现3D动态漫游，进行施工质量交底，规范施工现场质量行为。

（六）安全体验

目前建筑工地传统安全教育方式主要为“灌输式”“填鸭式”培训，由于不算入工作量，所以多数劳务人员不愿意参加培训，导致其安全意识始终参差不齐。VR安全体验馆通过对高处坠落、火灾、机械伤害、物体打击等项目的虚拟化、沉浸式体验，使施工从业人员能够身临其境，亲眼感受违规操作带来的伤害，从而强化安全防范意识，熟练掌握部分正确的操作技能，达到施工安全教育的目的。

三、应用价值

在智慧工地的建设和应用中，AR与VR技术以虚拟化的表现、有效的互动方案，实现管理人员及劳务工人与虚拟环境的有效互动，带来直观、真实的体验，可广泛应用于教育培训、方案交底等环节。二者将平面化的视频、图片等信息立体转化为能产生的真实感受，以良好的带入性能，帮助参与者身临其境地与接受的教育信息进行互动，并建立良好的互动关系，促进信息的高效吸收与掌握。

结合AR、VR的虚拟现实，可将更多的智慧工地管理内容纳入现实生活，以交互性体验提升应用参与的真实感和互动性。通过沉浸式的AR和VR的高频运用，影响智慧工地使用者，促进智慧工地更大范围地推广。

第五节　人工智能技术

一、技术介绍

人工智能（Artificial Intelligence），英文缩写为AI。它是研究、开发用于模拟、延伸和扩展人的智能的理论、方法、技术及应用系统的一门新的技术科学。

人工智能技术广泛应用于智慧工地场景，通过机器视觉、深度学习等对现场信息进行综合决策判断。机器视觉系统是指通过机器视觉产品将被摄取目标根据像素分布和亮度、颜色等信息，转变成数字化信号，传送给专用的图像处理系统，图像处理系统对这些信号进行各种运算来抽取目标的特征，进而根据判别的结果来控制现场的设备动作。

深度学习是学习样本数据的内在规律和表示层次，这些学习过程中获得的信息对文字、图像和声音等数据的解释有很大的帮助。机器模仿视听和思考等人类的活动，最终目标是让机器能够像人一样具有分析学习能力，能够识别文字、图像和声音等数据，解决复杂的模式识别难题。

随着深度学习的爆发，最新的深度学习算法已经远远超越了传统的机器学习算法对于数据的预测和分类精度。深度学习不需要我们自己去提取特征，而是自动地对数据进行筛选，自动地提取数据高维特征。

二、智慧工地应用

（一）规范人员进场

目前施工现场人员进出场存在一人一闸、通行率低下、增加安保人员负担以及陌生人员尾随等问题，通过视频AI技术可以对传统考勤方式进行优化升级，同时对视频监控范围内的人脸进行采集，联动实名制库信息比对，实现多人同时打卡，提升通行效率，解决高峰期排长队问题。

（二）检查作业人员着装

如今部分施工项目现场依然存在着工人不佩戴安全帽、不穿反光衣和未做相关安全措施危险作业的现象，由于未佩戴安全帽和未穿反光衣而造成的伤亡时有发生。安全帽佩戴以及反光衣穿戴管理成为一大难点，为降低管理难度、提高在岗人员安全意识，AI视频系统可从实时视频中检测预警在岗工人是否按照要求做好安全防范措施作业，真正做到安全生产信息化管理，做到事前预防，事中常态监测，事后规范管理。

通过智能视频分析和深度学习神经网络技术，对建筑工地生产区域人员活动与是否佩戴安全帽进行实时分析识别、跟踪和报警，不依赖于其他传感器、芯片、标签，直接通过视频实时分析和预警。对未佩戴安全帽的危险行为实时预警，将报警截图和视频保存到数据库形成报表，同时将报警信息推送给相关管理人员，可根据时间段对报警记录和报警截图、视频进行查询点播。

（三）检测现场人员不安全行为

在现场人员的工作环节，检测人员操作动作，进行规范识别，确保各个环节上的检测动作都是按照国家相关规范进行。周界入侵监测预警用于检测禁入区域内的人员，不允许靠近和进入这个区域，其主要应用在施工现场重大危险源防护等方面。当有人员进入监测范围区域可对其自动监测识别，即对其抓拍并将实时图像传输到管理中心，在管理中心输出报警信号。

（四）检测现场不安全状态

通过视频监控，对监控区域内烟雾进行监测。基于图像分析算法，在摄像头的监控视野内，设置警戒区域，检测烟雾的发生，如果发现该异常现象，能够标示出烟雾发生的区域，触发报警。弥补传统火灾探测手段在室外、野外或不适合于安装烟感探测器的场合对烟火探测的局限性，预防火灾的发生或减轻火灾的危害。

（五）材料智能识别

通过机器视觉和AI学习能力，对进场材料的数量、质量进行多维度的识别和分析。项目施工现场进场材料数量和称重上，存在着工作强度大、耗时长、易出错等问题。而视频AI数钢筋技术和智能地磅技术的应用，大幅度提升建筑行业钢筋进场材料验收效率和库存材料盘点准确性，解放劳动力，工作效率成倍提升。

（六）机械智能识别

通过视频监控，准确检测到视频或图片中出现的车牌信息，反馈识别到的车牌号码及在图片中的位置信息。

（七）智能分析检测报告

通过深度学习，建立人工智能分析模型（质量隐患、报告分析、质量行为、质量评估等），输出全面的质量检测报告，代替传统人工分析，避免人为产生的漏洞。

三、应用价值

智慧工地管理中利用人工智能技术，可适当减少现场管理人员数量，用智能化、数字化手段解决重复作业，降低管理人员的管理强度，对建设现场进行动态实时的远程监管，提高建设管理效率和水平。利用人工智能识别隐患风险，减少人为因素的判断差异。由事后追责、事中监督转变为前置监控。同时通过远程监控管理，在很大程度上督促了建设人员责任心和工作积极性，促进规范建设意识，既提升建设效率和水平，又便于管理。运用先进前沿的监测仪器与人工智能技术，24小时监管建设现场的人员、车辆及治安管理、现场文明建设情况，保障建设项目的安全与合法权益，提高建设质量。

第六节　数据分析技术

一、技术介绍

当前，我们正在加速迈入以数据为关键生产要素的数字经济时代。数据作为新型生产要素和重要战略资源，正在建筑业数字化转型过程中发挥着更大的作用。作为以数据生成、采集、存储、加工、分析、服务为主的战略性新兴产业，大数据产业已经成为激活数据要素潜能的关键支撑，成为加快经济社会发展质量变革、效率变革、动力变革的重要引擎。

新一轮科技革命蓬勃发展，大数据与5G、云计算、人工智能、区块链等新技术加速融合，重塑技术架构、产品形态和服务模式，推动经济社会的全面创新。各行业各领域数字化进程不断加快，基于大数据的管理和决策模式日益成熟，为产业提质降本增效及政府治理体系和治理能力现代化广泛赋能。

智慧工地运用智慧的手段进行施工工序及人员的交互，需要借助互联网技术进行施工数据的共享和传播，通过数据分析在智能信息管理、智慧监控及智慧生产等方面的应用，加强施工一体化管理。用大数据分析，更便捷、更有效地做好施工现场管理，提升项目管理的预见性，改变传统的项目管理模式，实现实时数据收集、信息交换以及施工现场的可视化，改善施工管理流程；做出合理决策，进而实现对施工现场的精准管理。同时其也在一定程度上为建筑工程管理智慧发展提供了强大动力，推动了建筑行业的稳步发展。

二、智慧工地应用

在智慧工地系统上，数据分析技术基于大量采集的数据进行分析，利用专业能力对事态、事件进行科学评估，进而为政府、企业和项目提供决策依据，提高工作效率，推进建筑信息化、智慧化管理水平的提升。

（一）人员数据分析

（1）通过对现场人员姓名、年龄、民族、籍贯、工种、所属单位等基本信息、劳动合同、健康状态、信用等相关信息的登记，多维度进行人员数据分析，方便项目进行实名制信息的统计、审核和备案，及时发现用工问题，规避用工风险。

（2）通过对现场人员考勤数据分析，实时统计用工数量，保证满足生产需求。

（3）通过对项目劳务人员工资支付数据分析，及时发现劳务支付存在的隐患，规避支付风险，避免恶意讨薪行为。

（4）通过对劳务人员工作效率分析，积累用工工效指标，合理测算用工数量和用工成本，有效指导项目施工。

（5）通过对劳务人员综合数据统计分析，对劳务分包进行科学评价，评估分包履约质量，提高分包管理效果。

（二）机械数据分析

（1）通过对施工现场塔式起重机等大型机械起重量、起升高度、倾斜度、工作幅度、回转角度、风速等进行监测，综合监测数据分析，分析研判机械的风险隐患，建立塔式起重机运行图谱，对塔式起重机安全的整体态势进行评估，以及对塔式起重机存在的隐患问题、塔式起重机司机的操作规范进行分析，实现自动预警提示。

（2）通过对施工现场大型机械吊重、吊次、工作时长等数据分析，分析机械运行效率，及时发现机械在使用中的问题，合理组织安排，调整机械排班，提高机械使用效率。同时积累机械运行数据，形成机械工效指标，指导项目机械选型和过程机械调度。

（三）施工数据分析

（1）通过对施工项目进度、安全、质量等管理数据统计分析，研判项目管理在各个方面的偏差情况和发展趋势，洞察原因，分析不足，及时采取措施，进行资源调度和管理改进，保障项目生产顺利进行。

（2）通过对进度数据进行统计分析，汇总进度偏差情况，对进度延误原因在人员、机械、材料、方法、环境等方面进行分析，确定核心影响因素，有的放矢，精准管控。

（3）通过对施工现场质量检查、验收、实测实量等活动识别出的质量问题进行统计分析，识别突出质量问题和突出质量问题类型，分析、预判质量问题产生的原因和发展趋势，加大力度进行专项质量治理。

（4）通过对大体积混凝土监测数据分析，及时发现存在的不安全点位，监测点位发展趋势，研判危险状况，采取措施，保障大体积混凝土的质量。

（5）通过对施工现场安全检查、验收、隐患排查等活动识别出的安全问题进行统计分析，识别突出安全问题和突出安全问题类型，分析、判断问题产生的原因和发展趋势，加大力度进行专项治理改进。

（四）环境数据分析

（1）通过对现场施工环境风速、风向、风力、温度、湿度、PM2.5、PM10颗粒物、噪声、扬尘等数据进行统计，分析环境管理的薄弱环节，加强过程管控力度，规避环境风险。

（2）通过对施工现场24小时或一定时期空气质量数据统计，分析扬尘变化的发展趋势，判断降尘效果是否达标，检视项目每天的降尘措施执行力度，并自动形成降尘实施记录。

（3）通过对历史恶劣天气或环境事件进行数据统计，分析环境对施工项目的影响，形成环境影响记录，为施工索赔或补偿提供依据。

（4）通过对施工现场用水、用电数据统计，分析项目用水用量情况，对于超标情况及时预警，精准实施管控。同时不断积累用水用电指标，科学指导项目节能、节水管理水平，节约项目成本。

（5）通过对进出项目的车辆洗车情况进行统计，汇总数据生成监管趋势图，对管理效果进行判断，或对未来趋势进行预判，及时采取管理措施。同时，数据自动上传至智慧工地平台，以图表、照片的形式呈现，形成有效的管理记录。

三、应用价值

数据分析价值主要体现在现状分析、原因分析和预测分析三个方面。

现状分析主要是通过各个指标的完成情况来说明各个业务的发展及构成情况，使管理人员了解项目各个业务的发展及变动情况，对项目生产情况有更深入的了解。现状分析一般通过日常报表来完成，比如日报、周报、月报等形式。

原因分析是对项目的生产情况有了一个基本的了解，发现存在问题但是不知道生产情况中的具体问题和原因，从报表及其他设备采集数据中归纳总结分析，进一步确定生产状况变动的具体原因。

预测分析是对未来发展趋势做出预测。基于对项目的运营状况的了解，结合运营目标及策略，提供有效管理的参考决策依据，以保证可持续健康发展。预测分析一般通过专题分析来完成，可应用于制定季度计划或者年度计划。

智慧工地数据集成平台围绕施工过程的质量、安全、进度、劳务、设备、材料和环境等要素，以设备自动采集、数据自动传输和后台集成等方式，依托省安管平台，在企业库、项目库、安全管理人员库的基础上，通过物联网技术，将施工现场涉及的设备、安全状态、施工环境等现场安全因素综合在一个大数据平台，自动分析建模，精准分析、智能决策、科学评价，形成数据驱动的新型管理模式。

第七节　数字孪生技术

一、技术介绍

数字孪生是充分利用物理模型、传感器更新、运行历史等数据，集成多学科、多物理量、多尺度、多概率的仿真过程，在虚拟空间中完成映射，从而反映相对应的实体装备的全生命周期过程。简单来说，就是把物理世界的事物本体及其运行状态1：1地映射还原到计算机世界中，并以可视化的手段，将事物真实的运行状态以及未来发展的趋势直观地表达出来，辅助管理者的判断与决策。

二、智慧工地应用

将数字孪生技术应用到工程全生命周期管理过程中，以物理工程为单元，利用三维建模、数据交换、虚实融合、模拟仿真等信息化手段，对工地全要素和建设运行全过程进行数字映射、智能模拟、前瞻预演，与工程施工过程同步仿真运行、虚实交互、迭代优化，实现对工地施工现场的实时监控，发现问题、优化调度，以提高工程管理信息化水平，更好地实现对施工过程的进度控制、成本控制、安全控制，逐步实现绿色建造和生态建造。

（一）工地全景展示

数字孪生平台通过加载遥感影像、数字高程、矢量地图等地理信息数据和工地倾斜摄影、三维建模、BIM等三维模型数据，构建出三维立体的工地数字孪生场景，可以在三维场景中对工地环境、建筑分布、施工作业分区、设备分布等工地全要素事物进行直观呈现，实现项目的室内室外、地上地下全方位360°全景展示。同时，将多源数据分析后的态势信息进行综合展示，包括工程项目概况、实时现场人员情况、车辆情况、施工进度情况、视频监控数据、环境监测数据、天气、时间等态势信息进行统一直观的呈现，辅助管理者快速掌控工地整体态势，为科学决策与精准指挥提供数据支撑。如图3.7–1所示。

图3.7–1　数字孪生平台

（二）工地安全管理应用

1．视频监控三维空间管理

在工地数字孪生场景中，将工地中安装的摄像机进行直观标注，以虚拟标签的形式，在摄像机的真实安装位置进行直观呈现，帮助使用者快速掌控摄像机的分布情况。

摄像机标签与视频源绑定，通过点击虚拟标签，可以实现摄像机视频画面的便捷浏览。使用者可以在工地数字孪生场景中快速定位到目标摄像机，并调取视频监控画面进行实景态势查看。同时可以在三维场景中对摄像机的安装角度、覆盖范围以及摄像机工作状态进行直观查看，实现工地视频资源的便捷浏览与高效运维。如图3.7–2所示。

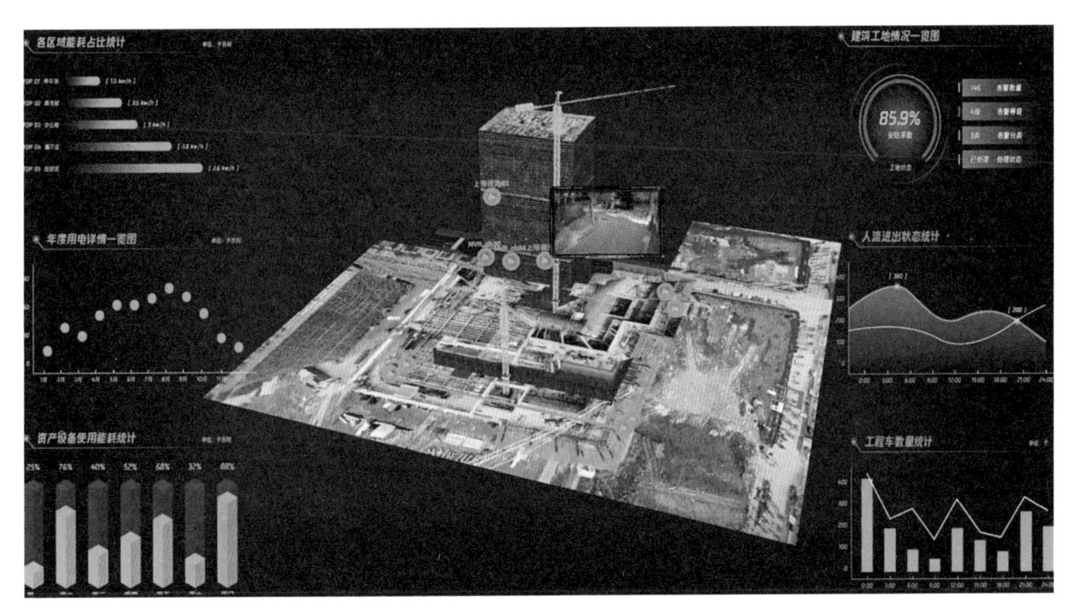

图3.7–2　视频监控三维空间管理

2．工地全景三维融合监控

通过在工地高点安装多台摄像机，实现工地的全景视频覆盖。利用三维视频融合技术，对多路摄像机进行矫正、拼接，并与工地三维场景进行深度融合，构建出全景立体、实时动态的工地视频孪生场景，帮助使用者在三维空间中全局掌控工地实时实景态势，解决传统监控视频位置分布不明确、画面割裂不直观、视角独立看不懂等问题。如图3.7–3所示。

图3.7–3　工地全景三维融合监控

针对重点区域，可以利用摄像机进行补充覆盖，并利用多种三维视频融合方式，实现视频画面与三维场景的融合统一，实现重点部位重点关注。三维视频融合方式分为全景拼接融合、场景断续融合、广告牌式融合、室内分层融合、异形结构融合、无人机实时动态融合等多种方式，可根据摄像机类型、安装角度、安装高度以及覆盖区域等情况具体选择。如图3.7–4所示。

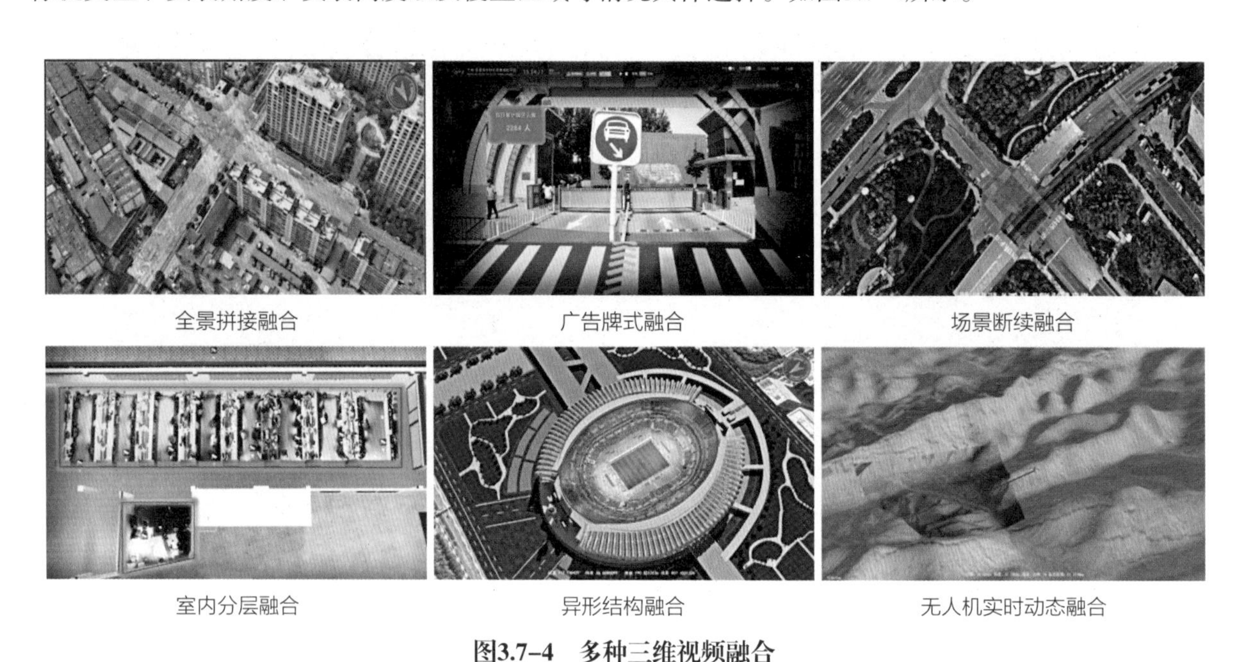

图3.7–4　多种三维视频融合

在数字孪生智慧工地监控应用过程中，也可通过高点低点联动的方式实现工地实景态势的掌控。其中，高点全景融合监控掌控工地整体态势，低点监控联动查看固定区域细节详情。如图3.7–5所示。

图3.7–5　高点低点联动

利用工地中安装的高速球型摄像机，可实现三维场景中的细节追视应用。通过在工地数字孪生场景中选择关注的位置，可联动附近的球机自动追踪至选中区域，利用球机的光学变焦实现关注区域的细节详情查看。利用全景细节追视功能，实现工地全景、细节一体化浏览，精准掌控工地实时实景态势。如图3.7–6所示。

图3.7–6　全景细节追视功能

3．违规行为三维场景联动

利用工地中安装的视频监控设备，可实现对施工作业区中未佩戴安全帽、未穿工作服、危险区域闯入、抽烟、玩手机、打架、聚众、破坏设备设施等多种违规行为进行智能识别，并进行及时告警。告警数据与三维场景联动，当有违规告警事件发生时，系统及时弹出告警提醒，并可联动场景中精准定位至告警区域，实现告警事件的及时发现与定位，同时联动监控视频进行实景详情查看，辅助使用者实现对工地中异常行为由发现到定位到研判再到处理的全流程管理，保障工地人员与财产安全。如图3.7–7所示。

图3.7–7　违规行为进行智能识别

4．人员进出三维场景管理

通过在工地各出入口安装速通门设备，配合使用人脸识别摄像机、红外测温摄像机等，实现工地进出控制、考勤统计、识别比对、体温检测等多种智慧人员管理功能。将监控视频与工地出入口模型进行三维视频融合，联动业务管理数据，在工地数字孪生场景中对各出入口的实景动态与人员进出情况进行直观展示。体温异常、黑名单、陌生人等异常告警事件直观提醒，并可联动三维场景精准定位，结合融合视频对现场实时态势的精准掌控，实现对工地人员进出情况的精准化管控。如图3.7–8所示。

图3.7–8　人员进出三维场景管理

5．周界告警三维场景联动

在工地周界区域安装红外、摄像机等设备，可自动检测或识别周界入侵事件并及时产生告警信息。数字孪生系统接入周界告警数据，在工地三维场景中，对周界防区分布、各防区工作状态进行直观展示。当有入侵告警事件发生时，对应防区进行闪烁等明确提醒，并弹出告警信息，可联动场景定位至告警区域进行详情数据查看，同时联动附近监控视频进行实景态势查看，实现入侵告警事件的及时发现与定位，辅助工地管理人员及时处置，保障工地周界安全。如图3.7–9所示。

图3.7–9　周界告警三维场景联动

6．消防安全三维场景联动

数字孪生系统接入工地消防管理系统数据，在工地三维场景中对各消防设施及消防智能化设备的分布情况进行直观展示，并与系统数据联动，工地管理人员可控制场景定位至设备区域进行详情信息查看。基于监控视频，可叠加智能识别算法，实现工地范围内烟火自动识别，并产生告警信息。当有消防事件发生时，三维场景中及时弹出告警提示，并联动场景进行精准定位，联动摄像机进行实景查看，辅助工地管理人员对消防应急事件的响应处置。如图3.7–10所示。

对消防应急预案进行数字化建模，当有消防应急事件发生时，及时联动消防预案，在工地数字孪生场景中，对工地应急物资、消防设施、人员疏散路线、消防救援路线等情况进行直观呈现，并联动监控视频实现现场态势精准掌控，结合定位管理系统，救援车辆、救援人员、施工作业人员的分布情况直观可视，辅助指挥人员精准调度与科学指挥，保障工地人员生命安全，降低工地财产损失。如图3.7–11所示。

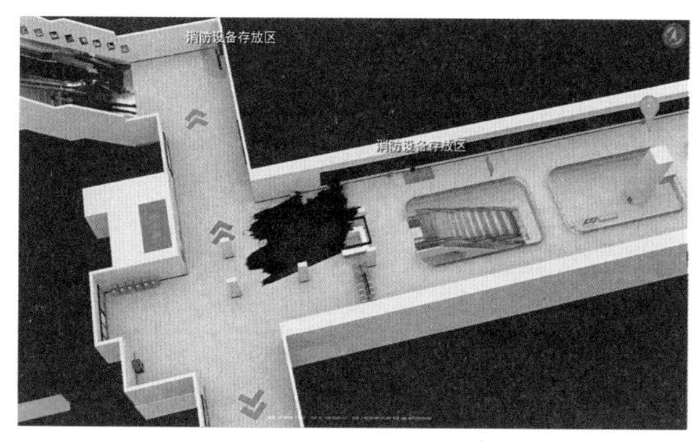

图3.7–10　消防安全三维场景联动

图3.7–11　消防应急预案数字化建模

7．人员定位三维场景实时掌控

数字孪生系统接入工地人员定位数据，在工地三维场景中对施工作业人员、管理人员的实时位置分布进行直观展示。可选择对应人员查看其详情信息，对施工作业人员、管理人员进行精准管理。在三维场景中划定出危险区域，当有人员进入危险区域时，系统及时产生告警，并直观提醒，保障作业区人员安全。

数字孪生系统可以在工地三维场景中绘制出具体人员的活动轨迹，对施工作业人员和管理人员进行有效监督，对工作效率、管理水平的提升均具有明显效果，从而规范工地秩序、缩短施工工期、降低管理成本。

8．工地车辆三维空间管理

数字孪生系统接入车辆管理数据，在工地数字孪生场景中，对各出入口车辆进出情况进行直观呈现。对黑名单车辆进行及时告警与精准定位，实现工地车辆进出情况的高效掌控。接入车辆定位数据，在工地三维场景中直观展示车辆实时位置，绘制车辆行驶轨迹，对工地车辆进行精准管控。

（三）工地设备管控应用

1．塔式起重机设备管控

对塔式起重机设备进行三维模型构建，并在工地数字孪生场景中，对塔式起重机的分布情况进行直观展示。接入风速传感器、吊重传感器、变幅传感器、高度传感器、回转传感器及倾角传感器等塔式起重机监测设备数据，在三维场景中对各监测数据进行直观展示，精准掌控塔式起重机运行状态。超载、塔身动态等异常告警数据与三维场景联动，及时弹出告警提示，帮助工地管理人员快速发现塔式起重机运行过程中的异常情况，及时定位异常部位并进行及时处理，保障塔式起重机运行安全。如图3.7–12所示。

图3.7–12　塔式起重机监测系统

数字孪生系统可提供多种空间分析功能，可实现单塔防碰撞、多塔防碰撞等智能分析计算，为塔式起重机的安装选址、运行过程防护提供科学支撑。

2．施工升降机设备管控

对电梯、吊篮、施工升降机等设备进行三维模型构建，并在工地数字孪生场景中，对施工升降机设备的分布情况进行直观展示。接入施工升降机设备运行监测数据，在三维场景中对各监测数据进行直观展示，精准掌控施工升降机运行状态及停靠楼层。超载保护预警、防坠监控预警、防冲顶预警等监测预警信息与三维场景联动，及时弹出告警提示，帮助工地管理人员快速发现施工升降机运行过程中的异常情况，及时定位异常部位并进行及时处理，保障施工升降机运行安全。如图3.7–13所示。

3．喷淋降尘设备管控

在工地数字孪生场景中，对分布于工地范围内的雾炮机、喷淋系统等喷淋降尘设备进行直观标注，帮助工地管理人员精准掌控喷淋除尘设备的分布情况。联动系统数据，在三维空间中对各区域的喷淋设备工作状态进行直观展示，并可控制场景定位至具体区域，选择对应喷淋设备进行启闭掌控；也可与工地扬尘监测系统联动，自动开启喷淋设备，实现工地喷淋降尘设备的精准、智能控制。如图3.7–14所示。

4．环境监测设备管控

数字孪生系统接入环境监测系统数据，在工地数字孪生场景中，对各区域的PM2.5、PM10、

图3.7–13　施工升降机监测系统

图3.7–14　喷淋降尘设备

TSP、噪声等多种环境监测数据进行直观呈现。对于环境监测数据超标等情况进行直观提醒，并可联动喷淋系统、雾炮机进行除尘响应，保障工地环境质量达标。系统对工地环境质量检测数据进行综合统计分析，直观展示工地整体环境质量状况、变化趋势等态势信息，帮助工地管理人员精准直观地掌控工地环境质量，有针对性地开展环境质量控制。如图3.7–15所示。

5．用电安全设备管控

在工地数字孪生场景中，对用电设备的分布情况进行直观呈现。系统接入用电设备监测数据，基于当前施工现场，对引起用电安全隐患的主要因素进行实时在线监测和统计分析，准确及时发现电气火灾故障隐患。监测数据在三维场景中精准直观展示，告警数据及时联动提醒，有效防止工程人员伤亡及重大财产损失事件的发生，达到消除潜在电气火灾安全隐患的目的。如图3.7–16所示。

图3.7–15　环境监测系统

图3.7–16　用电设备监测系统

（四）资产运维管理应用

对工地设备、机械、物料等资产进行三维建模，系统接入工地资产管理系统数据，对资产状态进行三维空间可视化直观呈现。同时，系统对工地资产采购、存库管理、资产盘点、资产运维、资产处置等全生命周期管理数据进行综合汇总处理，辅助工地管理人员实现对工地资产的精准可视化管理。如图3.7–17所示。

图3.7–17　工地资产管理系统

（五）工地培训教育应用

1. 安全教育

利用前沿成熟的VR、AR技术，以纯三维动态的形式逼真地模拟出施工安全隐患应用场景，将施工现场真实模拟的安全隐患和伤害后果引入虚拟现实中，让工人在虚拟场景中体会各安全隐患及其带来的伤害后果，通过沉浸式安全教育体验，起到安全培训深入人心的效果，提升管理人员和作业人员的安全意识，预防安全事故的发生。如图3.7–18所示。

2. 技术交底

在数字孪生场景中，通过三维动画模拟仿真的方式，将施工作业流程、工艺技巧、常见问题等需要注意的技术细节进行直观模拟，帮助管理人员与施工作业人员直观、高效地掌控技术要点，提高施工质量，减少不必要的返工，提高施工效率，节省施工成本。如图3.7–19所示。

图3.7–18　沉浸式安全教育体验

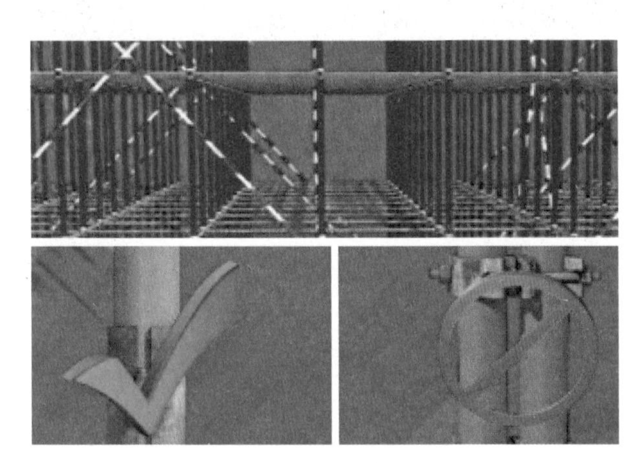

图3.7–19　施工过程模拟

3. 场景漫游讲解

利用数字孪生智慧工地系统，制作工地场景漫游动画，在漫游过程中，对工地地理位置、周边环境、出入口、办公区/作业区/生活区分布、各单体工程分布、危险区域等情况进行直观展示，并配合语音提示，帮助工地管理人员与施工作业人员快速熟悉现场。如图3.7–20所示。

图3.7–20　工地场景漫游

（六）工地安全巡视应用

1．无人机三维视频融合巡查

无人机巡逻监控具有灵活、高效等特点，数字孪生系统接入无人机巡逻系统数据，利用三维视频融合技术，通过计算无人机飞行姿态及实时位置，将无人机拍摄的监控画面与三维场景进行实时融合展示，在三维场景中精准直观掌控无人机实时位置、拍摄区域等信息。巡视过程中，利用智能识别算法对视频中的各种异常状况进行自动识别，并及时告警，帮助工地管理人员实现对巡视过程的精准掌控。如图3.7–21所示。

2．巡检场景漫游

根据巡检任务，在工地数字孪生场景中规划巡检路径，对工地整体区域进行实景漫游巡检。巡检过程中监控视频、物联监测、智能告警等数据便捷掌控，实现巡检过程的高效化、精准化、智能化。如图3.7–22所示。

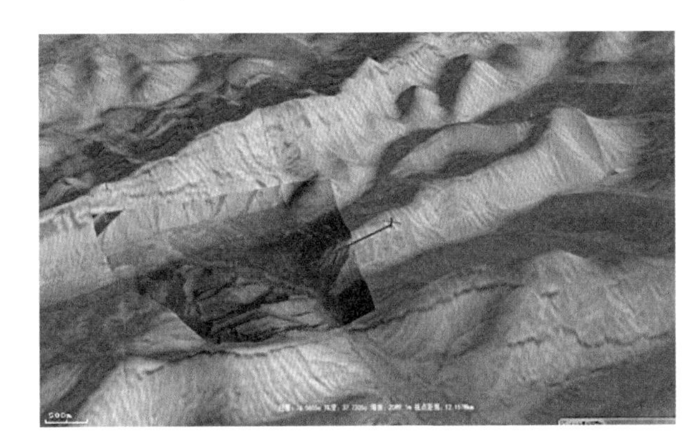

图3.7–21　无人机巡逻系统

图3.7–22　视频巡检场景漫游

三、数字孪生价值

数字孪生智慧工地通过建设AI数据中台，实现与前端物联感知设备、各业务管理系统的对接，实现多源数据的综合汇聚与分析，构建出智慧工地时空大数据库。时空大数据库涵盖了数字孪生智慧工地建设所需要的视频监控等物联感知数据、各业务系统数据、三维模型数据、地理信息数据等，为智慧工地数字孪生场景的搭建以及多种数字孪生智慧应用提供数据支撑。同时AI数据中台也提供了视频智能识别算法，对施工过程中的多种违规行为、安全隐患等进行智能识别，对工地中的安全隐患等进行及时预警，保障工地施工过程安全。

构建以三维地理信息（3D GIS）引擎为核心的数字孪生平台，采用BIM+GIS的形式，综合承载AI数据中台中的地理信息数据、三维模型数据、视频监控数据、物联传感数据、智能分析数据以及业务管理数据等，在工地三维立体的数字孪生场景中，实现工地人机物料环的全要素感知，实现工地实时动态实景与安全态势的直观呈现，实现智慧工地的高精度动态仿真，集趋势分析、预测、模拟于一体，聚焦安全、高效、体验和成本优势，帮助客户建设智能化、标准化的智慧工地综合业务系统，解决传统工地管理存在的弊端，更好地助力客户提高工地管理及安全水平，降低工地管理运营成本。

第八节　数据底座技术

一、数据底座的建设背景

（一）数据底座发展历程

自2018年起，我国智慧工地建设开始进入蓬勃发展阶段，物联网、人工智能等技术手段不断为建设工程安全、绿色、文明施工的监测、管理、治理赋能。为提高智慧工地建设的信息化水平，各类设备、平台、系统建设工作开展得如火如荼，但随之也带来了不少的监管与技术问题，如建设项目施工现场场景复杂多样、现场设备数量众多、监控数据的使用方权责不清、管理责任不明确等。

建设项目现场场景复杂多样，参与施工作业设备数量众多，每天产生的数据信息复杂多样，存在着数据质量差、数据规模大、数据种类多等问题，在数据管理方面，几乎无相关管理要求，智慧工地数据本质来源存在不可信、数据不分级等问题，故在实际应用上难以满足施工安全和质量的管理要求，无法有效发挥相关系统平台的价值。“设备对接难”“平台对接难”现已成为智慧工地的普遍问题。

2021年，国务院办公厅印发《2021年政务公开工作要点》，指出要加快建设城市运行管理服务平台，及时公布相关技术标准，推进城市治理“一网统管”。建设统一底座，完善城市综合管理服务评价体系，深入实施城市建设安全整治三年行动，及时通报各地整治行动进展情况，提升城市安全韧性。同年12月，住房和城乡建设部发布《城市运行管理服务平台技术标准》CJJ 312—2021，指出对于城市运行管理服务平台，要运用现代信息技术，汇聚城市运行管理服务相关数据资源的“一网统管”信息化平台，对城市运行管理服务工作开展统筹协调、指挥调度、监测预警、监督考核和综合评价，统一底座包括网络层、数据层和平台层。如图3.8–1所示。

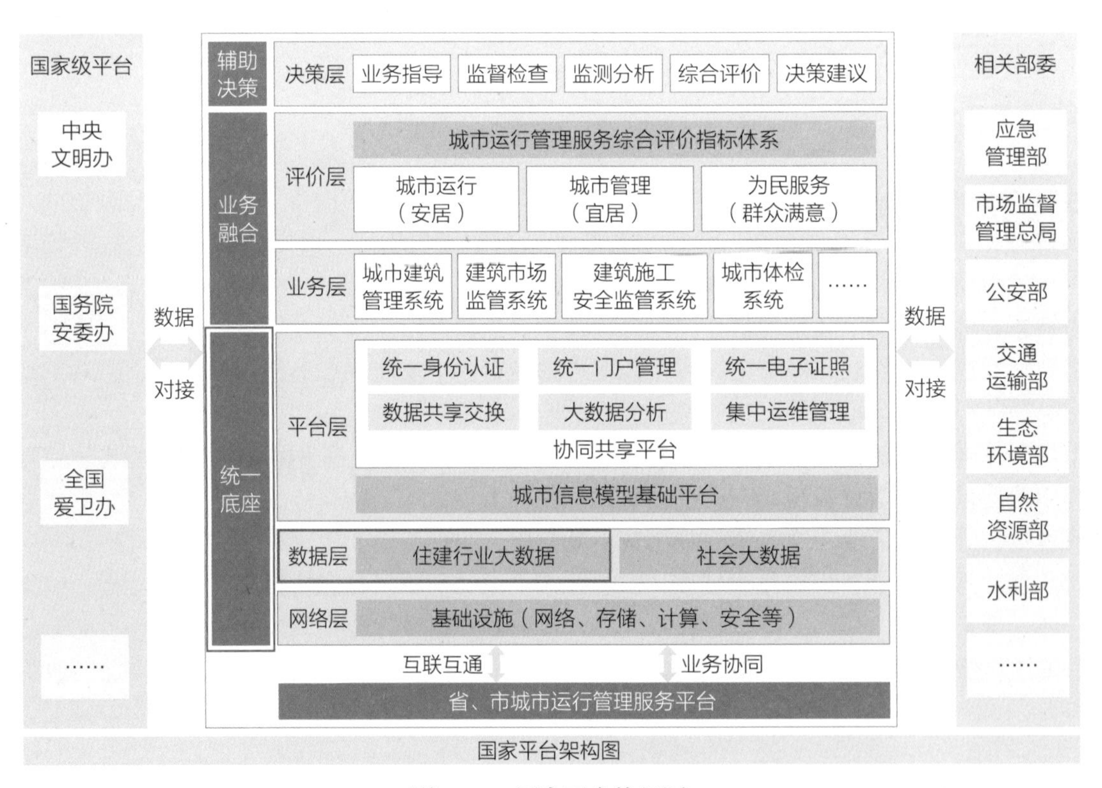

图3.8–1　国家平台构架图

为加强数据信息管理，2021年7月，国务院印发《关键信息基础设施安全保护条例》（国务院令第745号），条例规定安全保护措施应当与关键信息基础设施同步规划、同步建设、同步使用。2022年1月，住房和城乡建设部印发《“十四五”建筑业发展规划》，规划提出了要夯实标准化和数字化基础，推进建筑接口标准化，健全数据交互和安全标准，强化设计、生产、施工各环节数字化协同，推动工程建设全过程数字化成果交付和应用。

江苏省积极发挥模范带头作用，将“基于施工复杂场景的多机互联数据底座”列入2021年度省建设系统科技项目研究计划，并在江苏省开展的连续三年的智慧工地试点推广基础上，利用数据底座技术，建立科学的系统管理方法，提升政府监管水平，促进行业健康发展。

（二）数据底座技术运行机制

目前各建设项目设备数量众多且管理设备标准不一，智慧工地设备与管理平台进行直接连接，一个管理平台需连接多个项目现场不同的设备，增加了对接难度和运维。

通过对数据底座“黑匣子”的研发，能够将一个项目现场多个监测设备统一保存在一个“黑匣子”中。以往平台需对接n个项目现场的$n \times n$个现场设备，现在平台只需对接n个项目现场的n个“黑匣子”即可，且当平台需要升级维护的时候，“黑匣子”正常工作，不会出现以前那种由于不可抗力因素（平台升级、电力不足、遭到网络攻击等）导致数据丢失的现象，数据仍可保存在“黑匣子”中，实现了数据与平台的安全连接机制。如图3.8–2所示。

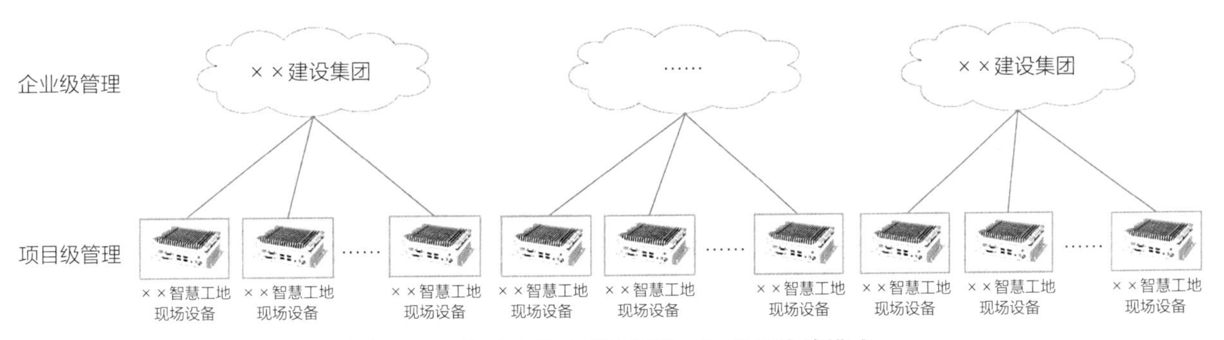

图3.8–2　基于多机互联的智慧工地数据连接模式

二、数据底座技术介绍

数据底座技术是一种以物联网、大数据及人工智能等技术手段为基础，为建设工程安全、绿色、文明施工的监测、管理、治理赋能的数字化、现代化管理技术。通过将智慧工地设备本地化连接，消除平台与设备对接难题，实现数据的统一全局化管理，真实还原现场情况。如图3.8–3所示。

（一）数据底座智能硬件

数据底座智能硬件即为本地化边缘存储“黑匣子”和mesh网关，可以将其整体理解为底板插座，其他各类硬件、应用软件和数据获取理解为插头，从而实现项目设备和功能应用的快速对接、即插即用。如图3.8–4所示。

1．数据底座“黑匣子”

数据底座“黑匣子”的操作平台采用国产化的开源系统，是专为工地用户推出的一款安全稳定、美观易用的嵌入式操作系统。可支持多种局域网设备对接、应用系统植入以及云备份，是边缘计算的嵌入式的场景。如图3.8–5所示。

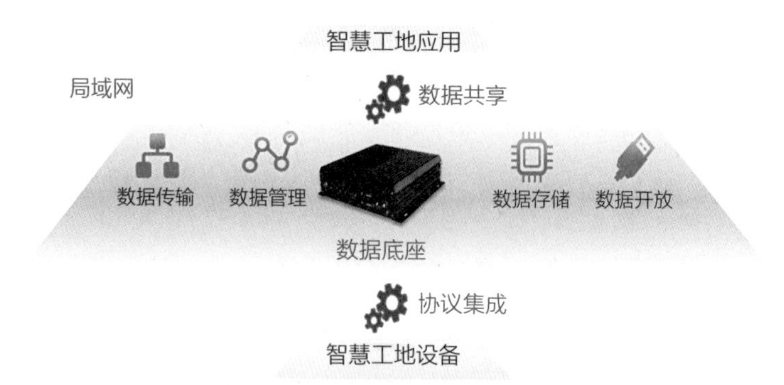

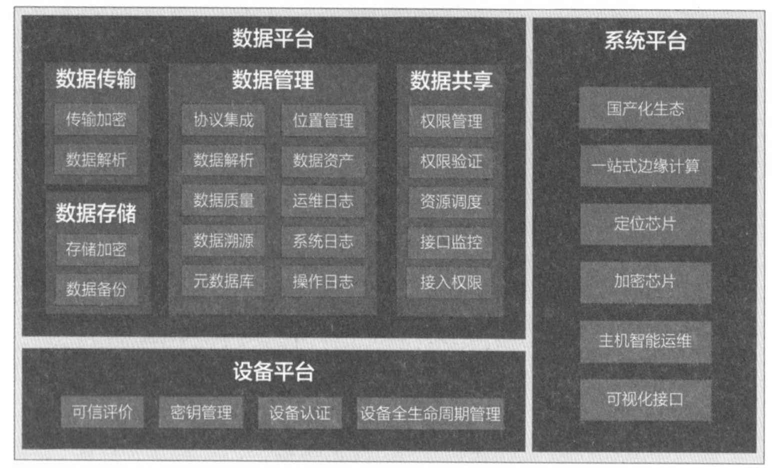

图3.8–3 数据底座

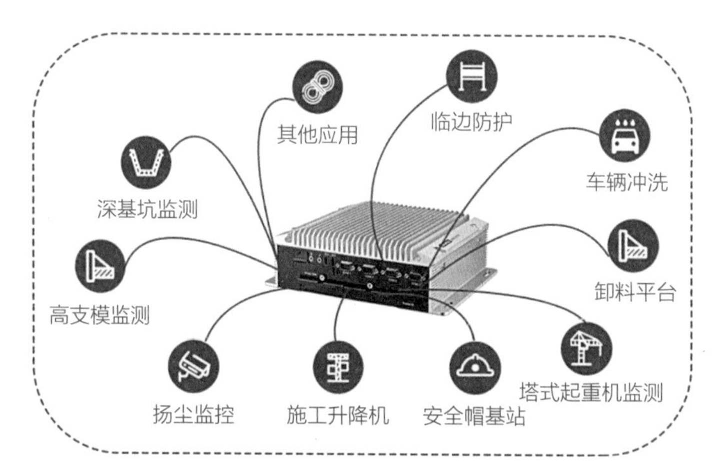

图3.8–4 数据底座智能硬件

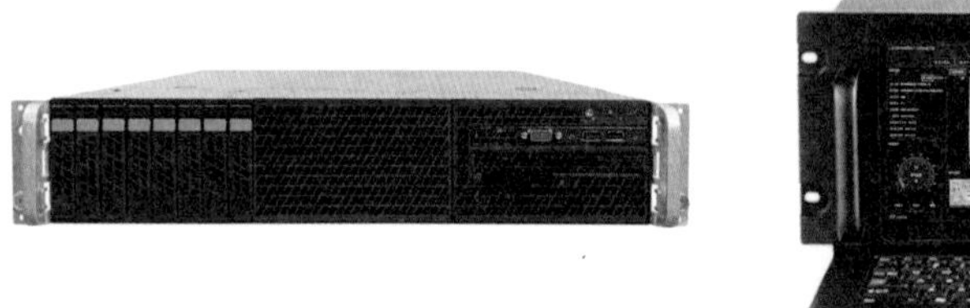

标准版　　升级版

图3.8–5 数据底座“黑匣子”

2. 数据底座mesh网关

针对智慧工地现场传输数据类型和传输环境的多样化，数据底座技术提供了多模融合的局域网mesh组网传输方案，包括宽窄带传输技术和频道管理，传输内容可覆盖影音视频、传感数据等，保证数据接收来源的可信度。如图3.8–6所示。

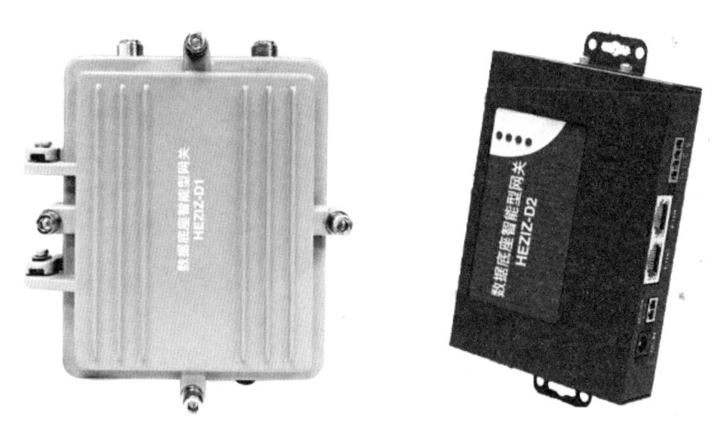

图3.8–6　数据底座mesh网关

3. 数据底座定位模块

为了保证数据底座信息采集的环境为项目现场真实环境，数据底座智能终端带载的GPS定位模块，可与项目所在地位置信息进行核对，异常移动事件将被记录。如图3.8–7所示。

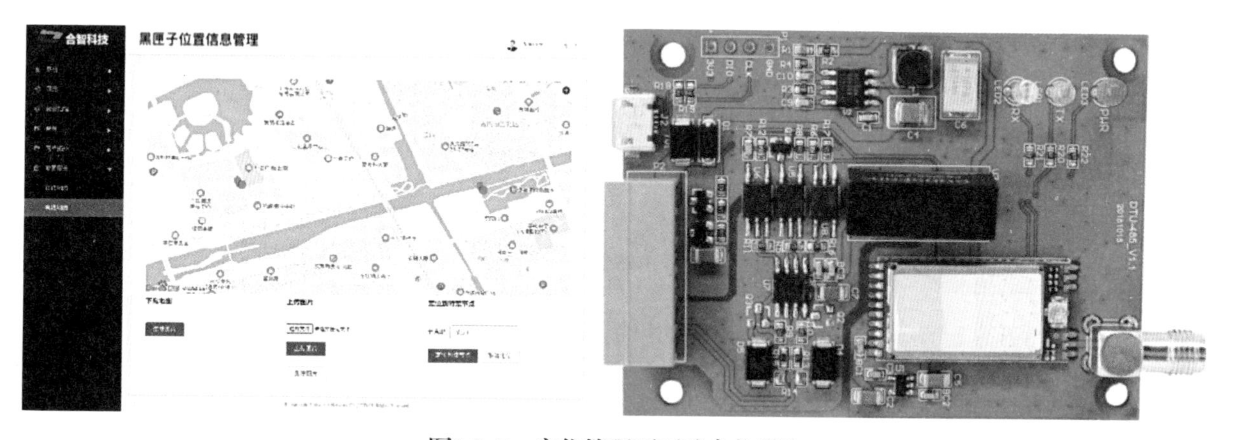

图3.8–7　定位管理页面及定位模块

4. 数据底座加密芯片

为了提高数据可信度、防止人为恶意篡改，数据底座在数据存储、传输安全方面均进行了加密设置，国密算法芯片为数据安全保驾护航。设备连接、应用连接、用户访问等所有通信均支持加密安全通信协议，确保数据传输的安全可信，杜绝通信过程的数据篡改与泄密。存储加密时，在数据写入前将数据进行加密，从存储介质加载数据到内存前进行数据解密，监管部门或管理员读取数据时使用证书确认身份，鉴定通过后方可访问。如图3.8–8所示。

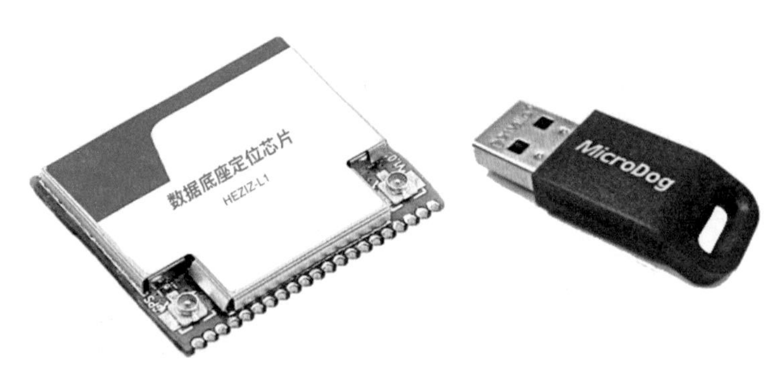

图3.8-8　加密芯片及解密证书

（二）数据底座信息管理系统

1．设备全局化管理

数据底座的设备全局化管理系统可实现多类设备协议的自适应对接和设备管理，与智慧工地设备对接时实现即插即用，能够有效地减少终端对接的难度，降低设备安装人员的技术门槛，实现数据的统一全局化管理。如图3.8-9所示。

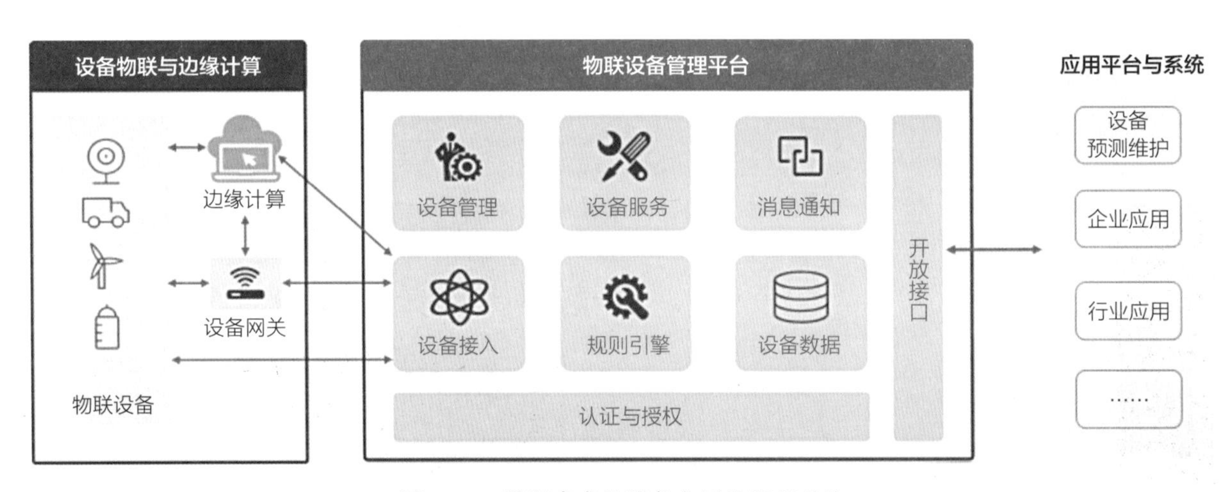

图3.8-9　数据底座的设备全局化管理系统

其功能具体包括：

（1）安全与认证授权：具有接入设备唯一身份标识，为设备及设备数据全面监管、追溯提供基础。

（2）设备接入认证：设备接入需要支持Key+密钥或证书等多种认证方式，杜绝非法设备接入。

（3）管理平台用户访问认证：用户访问需要用户密码验证，支持不同用户角色权限，确保用户安全访问，异常用户可在后台锁定。如图3.8-10所示。

（4）设备状态管理：包括规格信息、日志告警、状态变化、配置信息等。如图3.8-11所示。

（5）实时设备数据管理：支持实时数据采集处理，提供实时全面的感知和设备信息，能够实时监管，实时发现问题，及时预警与干预。如图3.8-12所示。

（6）历史数据管理：提供全面完整的历史数据访问，基于历史数据提供趋势与变化和更多洞察，并为各种大数据应用提供数据基础。如图3.8-13所示。

图3.8–10　管理平台用户访问认证

图3.8–11　设备状态管理信息

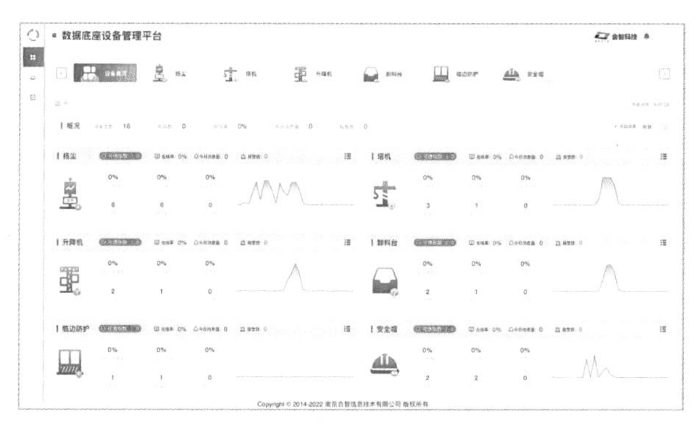

图3.8–12　实时数据综合看板

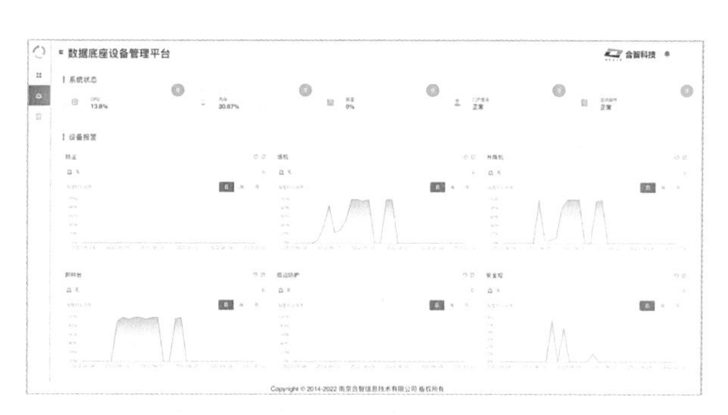

图3.8–13　历史数据查询及趋势统计

（7）全面数据质量管理：能够有效发现数据的缺失、矛盾、异常等各种问题，标识问题数据，及时提醒预警，并对问题数据进行隔离。

（8）数据验证：验证数据是否被变更，杜绝数据造假，确保数据的完整可信。如图3.8–14所示。

（9）设备全生命周期管理：设备全生命周期管理涵盖设备的登记注册、启用、停用、在线、离线、异常、设备退出等。如图3.8–15所示。

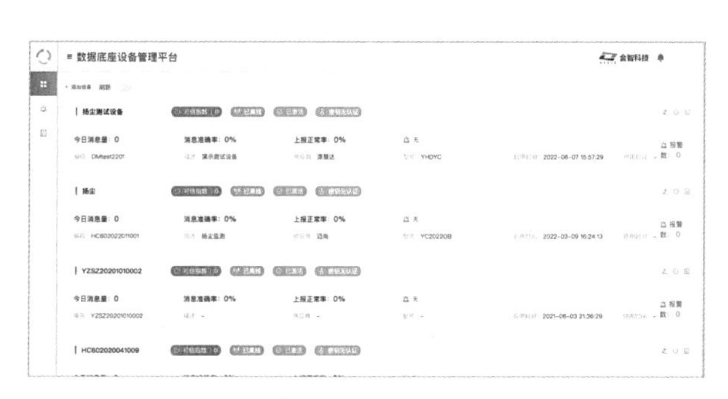

图3.8–14　数据质量评价及可信指数

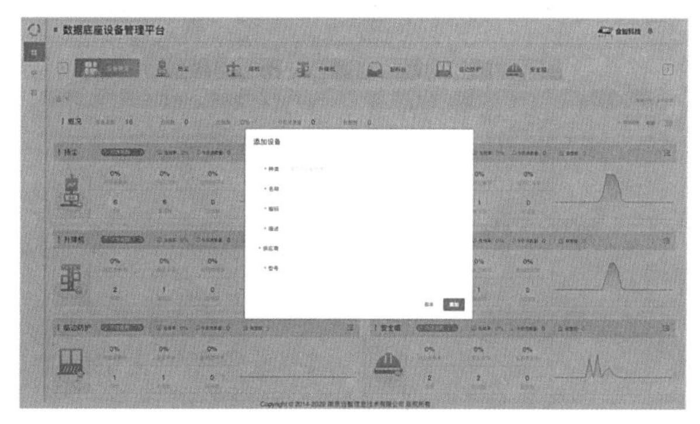

图3.8–15　设备登记注册

（10）设备通知告警：设备变化会及时通知相关人员，使其能够尽早进行关注、介入与处理，确保设备稳定正常运行，保障监测数据持续稳定高质量输出。如图3.8–16所示。

（11）设备全生命周期历史信息提供：有助于建立全方位的监管、评估与评价体系，为精准监管和持续改进提供数据来源和数据依据。如图3.8–17所示。

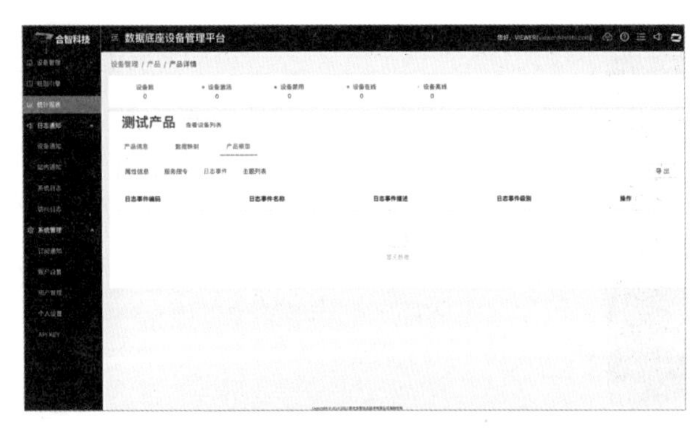

图3.8–16　设备异常告警

图3.8–17　全生命周期信息变更统计

2．数据开放与应用开发

数据底座可对接的基础应用内容包含项目信息、现场安全隐患排查、人员信息动态管理、扬尘管控视频监控、高处作业、防护预警、危大工程监测预警和智慧工地数据集成汇总平台。除此之外，为了满足特色化的应用需求，各类智慧工地硬件设备的数据经过数据底座初步分析、实时标注后，可在保证数据安全可靠的基础上实现数据开放，各类应用可自由调用。处理后的数据调用简单、数据质量可靠，为应用层的敏捷化开发节约了大量时间和成本。如图3.8–18、图3.8–19所示。

图3.8–18　特色化：智慧螺母

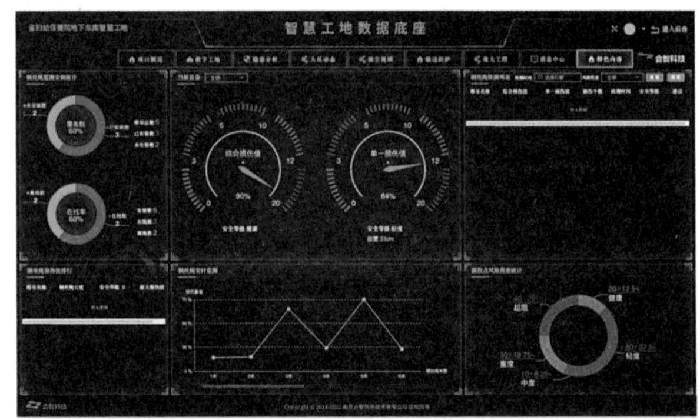

图3.8–19　特色化：塔式起重机钢丝绳运行监测

3．项目档案数据库

数据底座“黑匣子”对项目实施全过程中的相关数据（物联网感知设备数据、项目基础信息、文档、图片及影像资料等）进行收集、管理、存放、利用。以流程为驱动，底层搭载组织引擎、权限引擎、集成引擎、报表引擎，为不同人员提供个性化的档案管理方法。如图3.8–20所示。

4．线上监管

在实现现场化管理的同时，数据底座也支持监管部门的线上抽查与动态考核工作。监管部门使用证书确认身份后，可查看数据底座“黑匣子”中的历史业务数据和项目平台使用日志，为项目管理的抽查考核提供客观依据。

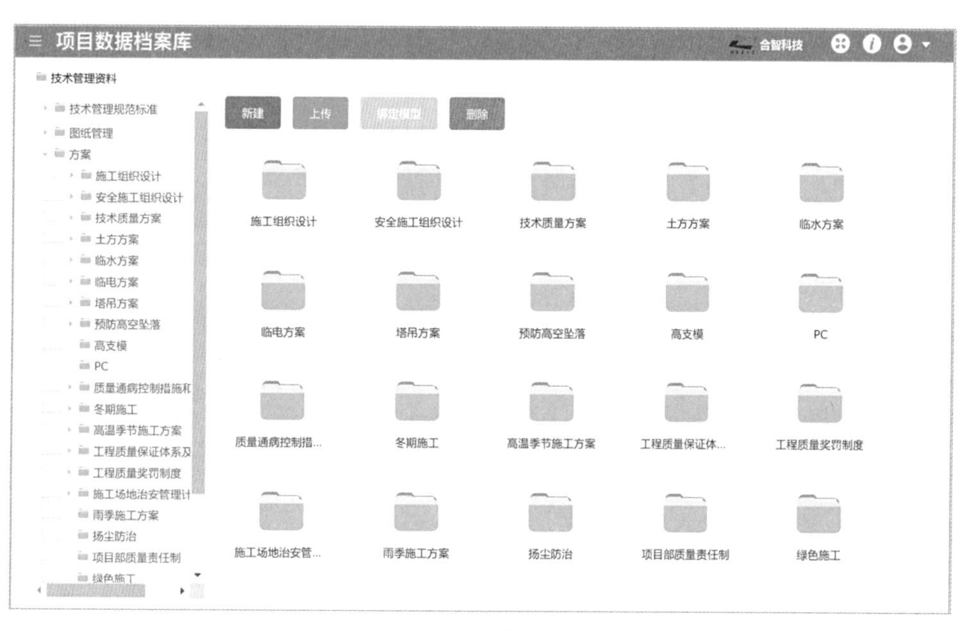

图3.8–20　项目档案数据库

三、数据底座技术在智慧工地的应用（图 3.8–21）

图3.8–21　特色化应用接入案例：江苏省妇幼保健院地下车库项目应用平台

数据底座在智慧工地的应用明确了建设、施工、监理、勘察、设计五方单位的责任主体地位，促进各类监管平台落地常态化使用，所有运行数据和使用痕迹均被保留在现场的数据“黑匣子”中，数据防篡改、防破坏，监管部门通过技术手段打开“黑匣子”就能够评价工地日常的管理情况，监督督促作用明显，有效避免“花瓶”式监管情况的发生。

数据底座能够将数据从政府监管方剥离出来，直接在工地现场、项目部现场运行管理。政府部门的工作任务是监督而不是监控，主要任务应为现场检查和监督执法，而非看护管理。具体的监控工作应由五方单位、项目部自行承担，而非交由政府部门完成。智慧工地数据底座“黑匣子”的研发能够有效提高政府部门的工作效率，将政府部门的主要工作精力回归到监督方面，监督项目现场的数据底座是否运行、数据信息是否真实等。

四、数据底座技术为智慧工地相关方解决的矛盾问题

（1）对于施工项目方：可减少智慧工地管理平台与各物联终端反复对接的复杂度，降低智慧工地项目端平台的搭建成本、搭建难度、实施难度，使中小型项目也能拥有自己的智慧工地平台；基于本地化搭建的局域网调取数据，速度快、不卡顿，预警报警信息现场反馈，提高现场处置的反应速度；产生的数据经加密不可篡改、不经第三方，运行数据实时向项目管理人员反馈。

（2）对于项目监管部门：可实现施工项目智慧工地管理平台与政府监管平台快速对接；项目端数据与政府监管数据剥离开，直接在工地或项目部现场运行管理，发生故障时能够迅速响应，一方面，减轻监管平台存储和运维压力；另一方面，产生的数据经加密、不可篡改，保证了数据来源可追溯、访问权限可管控，从而能够客观还原项目现场真实面貌，进一步促进五方单位对智慧工地系统的常态化使用，为智慧工地推广提供支撑，提升监管能力，为智慧工地的监督评价提供客观的评价依据。

（3）对于集成服务商：可减少智慧工地管理平台与各物联终端对接的难度，降低对运维人员的技术要求，防止区域保护壁垒，降低运维成本；可减少与政府监管平台对接的难度；可将数据与业务应用系统解耦，实现敏捷化开发，大幅缩减开发时间和成本；形成产业生态，降低恶性竞争；辅助施工项目管理人员运用智慧工地系统做好风险的预警、预测防控。

（4）对于各类设备厂商：规范了设备生产标准和工艺标准，提升设备质量；设备通过本地组网增强系统运行的鲁棒性，从而降低厂商售后维护成本；通过量化数据可信度，促进了设备质量与生产标准的逐渐完善。

五、数据底座技术应用价值

（1）厘清数据产生和管理的主体责任。明确了在智慧工地、集成服务商平台与智慧监管平台之间，数据产生、处理以及管理的责任区分，构建分级分层的数据管理机制。责任明确有利于闭合管理。政府部门作为主要的监管单位对智慧工地现场数据传输过程进行安全监管与抽查工作，进一步明确了权属责任关系，政府部门行使其监督责任而非现场管理责任。

（2）简化智慧工地项目管理平台与各类智慧工地设备、上级各类平台对接的复杂度。通过将扬尘监测、视频监控、塔式起重机监控等各类智慧工地设备的通信协议预置到数据底座“黑匣子”内，可以减少现场对接复杂程度；通过在数据底座“黑匣子”内构建“原始数据库”“数据中台”“应用平台”，为监管部门、企业方、施工项目方提供所需要的数据，降低了与上级各类平台的对接难度。

（3）解决平台之间“数据孤岛”问题。有效解决建筑工地平台与实名制、建筑业管理等其他部门系统数据交换问题，形成统一的数据供应能力，消除建筑工地在各级业务系统对接中的工作困难，打通多个业务系统，屏蔽复杂数据结构。

（4）提升数据质量，强化数据应用。当前智慧工地产生的数据基本为原始数据，未经过数据清洗、验证等处理，数据价值挖掘更是无从保证。数据底座技术采用底层设备管理及大数据清洗等技术，减少错误数据、造假数据、冗余数据；构建统一的设备物联与数据平台基础能力，实现多机互联综合场景应用，兼容底层平台“异样性”，降低灵活多变的前台应用需求支撑成本，推进API服务

和开发者门户的标准化、规范性，对内、对外全面开放，有效支撑智慧化运营。

（5）统一管理结构化、非结构化数据。将数据资产化，数据产生过程及来源可追溯，规范片区平台、项目平台、工地设备的数据接入和数据汇聚。实现对智慧工地设备资产和数据资产的科学管理。

（6）便于开展设备数据核查和线上监管。新的《中华人民共和国安全生产法》第三十六条第三款规定：生产经营单位不得关闭、破坏直接关系生产安全的监控、报警、防护、救生设备、设施，或者篡改、隐瞒、销毁其相关数据、信息。数据底座"黑匣子"的系统安全得到法律保障，同时通过"密钥鉴权"技术手段提供双重保障，杜绝智慧工地系统数据信息被篡改、隐瞒、销毁的可能性，为开展线上监管奠定基础。

（7）促进智慧工地的全生命周期管理。数据底座能够实现项目级平台、企业级平台和政府级平台完全独立的管理，形成智慧工地各层级管理闭环。

（8）完善标准体制建设。弥补我国在智慧工地数据交换与共享标准、系统功能应用标准的缺失，有利于数据取用流程的优化，完善数据管理体制，降低数据管理成本。

（9）为智慧工地的推广做好支撑。结合企业和现有智慧工地开展情况，进一步降低现有智慧工地系统的硬件投入，在实际应用中减少建设成本的同时，明确了系统软硬件运维的责任主体。

（10）积极响应住房和城乡建设部《"十四五"建筑业发展规划》。夯实标准化和数字化基础，推进建筑接口标准化，健全数据交互和安全标准。打造建筑产业互联网平台，探索适合不同应用场景的系统解决方案，培育一批行业级、企业级、项目级建筑产业互联网平台，强化建设单位质量安全首要责任。

（11）响应国家政务公开工作要点提出的"一网统管"目标。探索建筑行业数据底座技术标准，为城市治理"一网统管"打造坚实的数据基础。

第四章　智慧工地党建

第一节　建设内涵与特征

智慧工地党建是指在智慧工地建设中，坚持“围绕项目抓党建，抓好党建促项目”，发挥党组织的作用，改进与加强党建工作，切实做好企业及项目文化、项目党组织、工会等方面建设，使项目党建与施工经营相互融合、相互促进。智慧工地党建应设定明确主题（如青年之家、工人先锋展板、党建书屋等），使用合适的色彩进行布局，营造统一的氛围和印象，打造具有教育、感染和互动作用以及沉浸式体验的党建展厅，实现党建信息资源融合共享，同时鼓励使用智慧化手段，稳步提升新时代党建科学化水平。

第二节　建设意义

现阶段，工地党建方面仍存在很多问题。一是子公司、项目部人员配备主要以管理、生产工作人员为主，党政干部被压缩，工作人员的工作量急剧增加，人员较少，难以应对。二是一些项目尤其是项目经理对党建工作的重要性和必要性认识不足，存在轻党建重生产现象，这样就很难形成齐抓共管的格局，党的基础项目组织也会落实不够，无形中弱化了党建工作，部分项目党建活动流于形式；项目党组织在加强项目管理方面工作不主动、思路不广、方式老旧等。个别项目党务工作者的能力和党的建设的质量要求现状不适应等。

智慧工地的党建工作就是解决上述问题的关键手段，同时也具有如下重要意义：

（1）发挥党的政治核心保障作用。建筑施工企业对党建工作给予重视是非常有必要的，这样才能为企业未来发展提供正确的政治方向。只有通过党建工作，才能真正有效地落实企业的各项工作，并对施工项目过程中的安全、质量以及稳定运行起到保证作用。

（2）工程项目部管理的自身需求。项目党组织可以通过良好有效的政策和党风来加强企业生产的凝聚力，使员工能在这个过程中发挥自身的敬业精神。

（3）提高企业经济效益的重要保证。企业获得经济效益的最终源头来自于项目部。这就要求企业对相关金融技术进行投资、优化和整合各个要素，探索成熟的项目和盈利模式，使其在保持市场竞争优势的同时得到一个具有发展潜力的项目部。此外，职工收入不能脱离项目部的整体经济效益，而在经济分配的过程中，党组织在项目部保障项目的过程中起着重要的作用。

“党旗在建筑工地飘扬”是江苏省建设工地始终坚持的理念，每名党员都是一面旗帜，一线党员风采与业务有机结合，从夯实安全质量管控、强化经营管理成效、防范项目管理风险等方面，结合工程实际，为建设工地上的党员开展党建活动提供了良好的载体和场地，着力推进党支部工作落地落实，充分发挥党支部引领思想政治工作和群众工作的优势，使党支部成为攻坚克难的堡垒。

第三节　建设内容

智慧党建作为智慧工地建设的推广项，是彰显企业实力和宣传党建文化的重要内容，也是企业党组织建设和文化建设在项目的延伸，是企业核心力的体现，应视项目情况综合建设以下内容。

一、企业文化建设智能化

施工企业要利用智能化方式把企业文化融入项目管理中，形成项目文化品牌，树立企业良好形象。工程项目是施工企业信誉之本、效益之源、人才之基，是展示企业文化最直接、最生动、最具影响力的一种载体。党建以及企业文化的建设工作核心是要对企业员工的内在思想进行优化，要想实现这一目标，其本身的途径是很多的。

企业文化建设通常情况下有以下几类方式表现：

（1）以智能化手段打造数字沙盘，以城市模型为背景，综合介绍党和企业的发展历程及重要事件；

（2）提供数字投影形式的文化艺术墙，打造可视化的党史、企业史之路；

（3）提供可移动式的党建工作站，保证劳务人员的企业文化和项目文化培训；

（4）提供以VR技术为核心的党建学习工具，内置丰富的党建文化、企业文化知识库，构建沉浸式党建文化场景的智能学习模式。

借助智能化方式开展企业文化的宣传过程中，应收集更多新鲜的、亮点的素材，并将其融入企业文化建设之中，实现对企业文化认同的重要目标。一个人的力量是非常有限的，要推动企业党建工作宣传报道的深度和广度，需要不断创新，例如可以在企业内部APP，每天推送党建文化内容，由于传统的版面与页面有限，可利用好互联网信息技术，推送一些党建的视频与演讲，这样不受版面的限制，更加有利于员工详细学习党建与企业文化，促进宣传效果提升。

二、党组织建设数字化

项目的党组织建设是项目党建工作的重中之重，项目的党组织建设要通过数字化手段，借助党建展厅平台，将党组织建设内容从不同方面同步融入项目建设的工作中去。

党建展厅在初期创意策划及设计构思中，主要以简约、形象化、大气的色彩搭配和互相融合，衬托主体展现，提升展品视觉效果感。党建展馆总体空间以红色为主线，并贯彻整个展馆，起到党建宣传形象鲜明的作用。伴随着科学技术的发展，新时期智慧党建展厅不再依靠传统单一的展现方法，例如：宣传栏、图书、报刊、宣传片等，还可以综合运用各种多媒体系统等现代感浓厚的机器设备，将它们和传统式技术方法融合到展馆的方方面面，使人有身临其境的感觉，才能将活动变得更加生动有趣。

党组织建设的数字化展厅通常情况下有以下几类方式表现：

（1）数字多媒体党群教育中心；

（2）数字多媒体党史馆；

（3）数字智慧党群科技体验区；

（4）数字多媒体党建活动室。

智慧党建展厅建设应与党在本区域不同阶段的历史文化主题紧密结合，形成本区域独具特色的党史文化，借助各种数字化展现方式，弘扬正能量，使观众在参观考察过程中了解该地的党建文化与未来发展趋势。智慧党建展厅主要是直面广大群众，它是拉近广大群众与基层党建的紧密联系的桥梁。

三、工会建设信息化

智慧工地的工会建设是一项复杂而繁重的工作，加上近年来建筑行业农民工的工资待遇、社会保障、劳动安全等方面的问题突出，施工企业要积极联合、配合相关部门力量，用信息化手段，切实推进建筑工地党建工作与工会工作联建互促。

智慧工会要以职工为中心，以信息平台为基础，以会员服务卡为载体，推进职工个性化普惠性服务，创新工会组建形式和工作方法。如职工网上技能培训、就业服务、心理关怀等。

工会建设信息化要能够在建立全省统一标准数据库的基础上，实现工会员工线上线下管理功能统一化、规范化、流程化的管理，为部门提供更加高效、便捷的管理流程和手段。通过发放会员服务卡、电子会员卡等方式，实现会员实名制管理。利用工会大数据，服务职工更精准。

通过互联网和信息化宣传手段，使工会会员入会管理更加便捷化，将工会服务变成常态化，把信息平台当作提升职工技能、服务产业工人队伍建设改革的重要渠道，建设完善劳模管理、职工技术创新、法律服务系统、困难职工及农民工帮扶服务系统，利用网络平台和大数据进行分析，有针对性地开展精准帮扶。

四、建设形式

智慧工地党建的建设主要包括党建展厅、VR体验馆、党建书屋等形式。

（一）党建展厅

一方面，在策划智慧工地党建主题展馆展厅时，要深挖红色基因，以“回首红色历史、学习红色文化、传承红色精神”为内核，提炼出当地特色的党建文化的精髓。

另一方面，设定明确的展馆展厅主题，使用合适的色彩进行布局，营造统一的氛围和印象，使党建展馆展厅具有教育、感染和互动的作用。如图4.3-1所示。

（二）VR体验馆

VR体验馆是指在项目工地运用一些多媒体互动手段，如虚拟现实技术、全息成像技术、互动滑轨屏幕等技术，通过交互式触摸感应和沉浸体验，生动展现党建文化、工地安全教育，带给参观者真实丰富的互动体验。如图4.3-2所示。但是，也切勿过度使用数字化展示手段，而忽略了党建主题展馆展厅的形象特征。

（三）党建书屋

按照“一室多能、一室多用”的原则，充分发挥“党建书屋”的党建学习、阅读分享、宣传教育、活动会议等多项功能，让“党建随处有，学习随人走”，较好地助推形成浓郁的主题阅读氛围。

利用“两学一做”或“三会一课”组织开展读书活动，鼓励项目党员职工积极借阅图书开展自学，提高理论水平和党性修养。各党支部可把党建书屋作为党员干部教育培训的重要阵地，可举办各类题材的红色图片展览，把现场变为红色教育课堂，把党政、党建等红色经典图书变为教材，现场说教，边说边学等，提升党性教育的实效。如图4.3-3所示。

图4.3–1　智慧工地党建展厅

图4.3–2　VR体验馆

图4.3–3　党建书屋

五、工地党建展望

抓实党建促生产，抓好生产强党建，这是一个良性的双循环，更是新形势下工地党建工作的应有之义。党建下工地，品质上台阶。要始终坚持让工地党建在工程建设管理的最前沿，有为有位、见效见果，进一步实现资源共享、责任共担、问题共解，在坚持生态优先、创建绿色道路上取得更大进步，在加强风险管控、打造品质工程上展现更大作为，在落实工地党建、引领工程建设上迈出更大步伐，成为助推工程建设最可信赖的生产力。

第五章　智慧工地建设实施案例

第一节　省安管系统简介

一、主要功能

江苏省各级智慧监管平台和工程项目智慧工地平台，均需要与江苏省建筑安全监督管理系统（以下简称省安管系统）进行数据对接和动态考核，省安管系统目前已基本覆盖全省所有建筑施工安全监督机构。

2014年5月，江苏省建筑安全监督总站组织建设省安管系统，12月通过验收，并在部分地区进行试点应用。此后一年多，在全省多地进行调研、交流和总结的基础上，对系统进行了全面优化。2016年10月，江苏省建筑安全监督总站发布《关于在全省推广使用“江苏省建筑安全监督管理系统”（2016版）的通知》。2019年新增“危大工程管理模块”，2020年新增“机械设备管理模块”，2021年新增“智慧工地管理模块”。目前，主要功能纵向贯穿了项目从开工报监至终止监督的全过程，横向覆盖了危大工程监管、机械设备安全管理等重点环节。如图5.1–1所示。

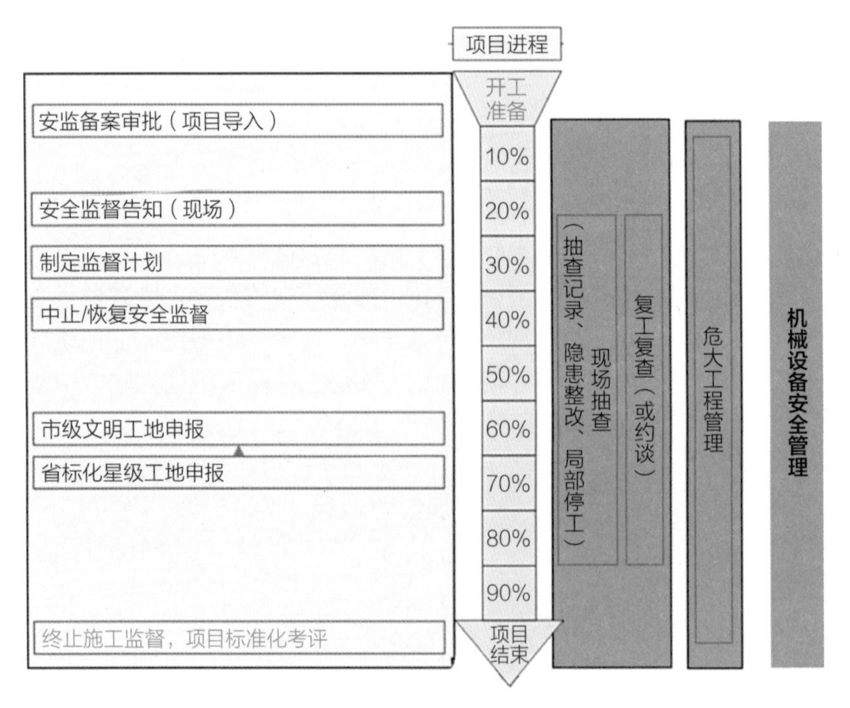

图5.1–1　江苏省建筑安全监督管理系统

针对安监机构的岗位职责，省安管系统区分了四种角色，每种角色分配了默认的权限。见表5.1–1。

省安管系统岗位职责及权限　　表 5.1–1

岗位	操作权限
管理岗	工程分布浏览、项目科室分配、工程终止监督审批、工程中止监督审批、工程恢复监督审批、事故信息上报审批、标准化考评与星级工地审批、统计分析
信息岗	安监站信息及坐标设置、监督科室与小组的管理、职位管理、人员基本信息管理、工程数据导入、文件通知发布
资料岗	安监备案材料审核、打印监督告知书、备案资料补录审核、市级文明工地结果录入、机械设备安拆告知材料审核
监督岗	工程分布浏览、现场监督告知、制定监督计划、市级文明工地审核、星级工地推荐/检查、工程中止/恢复审核、打印中止/恢复告知书、工程终止审核、打印终止告知书、日常巡查、复工复查审核、重大危险源管理、约谈、事故信息填写与浏览、行政处罚（奖励）录入与浏览、大型机械信息浏览、数据统计

针对监督人员现场执法，省安管系统还提供移动端软件，实现项目信息的实时浏览、现场取证、监督告知、日常巡查、复工复查、项目经理记分、查询统计等功能，与PC端结合操作，形成了一套完整的安全监管信息系统。同时，针对已有系统的安监站，采用统一的数据接口方式与省安管系统对接，实现省级监督检查专业平台。

二、应用现状

截至2022年4月，已注册安全监督机构137个，其中直接使用省安管系统的102家，采用自有系统与省安管系统对接的35家；系统注册施工单位6056家，备案项目46752个，在监项目20754个；各级监督机构在线开单77994份，其中抽查单21164份，隐患单52373份，停工单4457份。上传各类隐患检查图片151307张，整改回复的图片484614张，已形成了纵向贯通省、设区市、县（市、区）、企业和项目五级的安全管理业务平台。

另外，13个设区市智慧工地监管平台已全部对接上线，覆盖全省各级智慧监管平台共44个（含2021年31个示范片区），对接智慧工地项目共847个，开展数据动态考核118624次。

第二节　常州市智慧监管平台应用案例

常州是江苏省地级市，国务院批复确定的长江三角洲地区中心城市之一、先进制造业基地和文化旅游名城。截至2018年，全市下辖5个区、代管1个县级市，总面积4385平方公里。2020年，地区生产总值7805.3亿元，常州市常住人口为5278121人（“七普”数据）。

截至2021年底，常州市在建项目1276个，正处于建设高峰时期，建设项目数量和规模快速增长，对建筑工地质量安全管理工作的要求越来越高。

一、建设过程

（一）试点过程

2020年7月，常州市落实江苏省住房和城乡建设厅要求，积极开展省级建设工程绿色智慧示范片区创建工作，并且将绿色智慧示范片区创建工作作为常州市住房和城乡建设局重点工作来抓，常州市新北区财政专项配套190万元资金用于省级建设工程绿色智慧示范片区建设，2019年底完成了建设工程智慧监管指挥中心的硬件改造工作，并且出台智慧工地创建相关文件。

（二）推广发展过程

2020年9月，常州市住房和城乡建设局召开绿色智慧工地监管平台和项目平台动员会议，并对创建项目负责人进行集中培训，要求智慧工地创建单位在监管平台上线前，先期投入项目智慧工地建设并组织项目部有关人员培训。

2020年11月，常州市省级建设工程绿色智慧示范片区的政府端“常州市建筑工程安全生产智慧监管平台”正式上线试运行，初步实现了“服务企业、辅助监管”的建设目标。

为了快速有效地推动智慧工地发展，常州市连续发文，对智慧工地的实施范围及安装要求、时限要求、管理要求、接入流程、设备参数等做了进一步明确要求。

（三）示范引领过程

根据《关于组织申报2020年度江苏省建筑施工绿色智慧示范片区、建筑工人实名制管理专项资金奖补项目的通知》（苏建质安〔2020〕87号）要求，常州市申报了两个绿色智慧示范片区（市级片区及新北片区）和建筑工人实名制管理专项资金奖补项目，通过公开招标明确了绿色智慧工地安全监管平台中标单位，同步为首批49个工程建设项目开发智慧工地项目端平台，进一步完善升级常州市现有的建筑工人实名制管理系统，实现各方数据互联互通。

二、建设内容

常州市智慧工地平台的建设包括政府监管端和项目管理端，支持省、市、区三级联动，项目端由政府统一购买，统一配发，有利于实现对工地建设监管的三层管理方式，主管部门实时掌握工地建设的状态，常州市在智慧工地项目的基础上，增加了普通项目的全部接入，通过多方位实时分析、展示、预警，为监督执法提供有效的数据支撑。如图5.2–1～图5.2–6所示。

政府端能够为政府提供多层级数据共享，对项目建设全过程多方面进行管控，并汇集所有数据到平台中心，实现数据分析，问题追根溯源，帮助项目实现效益最大化。

项目端管理平台根据《省住房和城乡建设厅关于推进智慧工地建设的指导意见》（苏建质安〔2020〕78号）和《江苏省智慧工地（安全部分）实施指南》等文件要求，明确了智慧工地一体化平台系统的建设方向。

以“互联网+”行动计划为指引，以物联网技术为核心，充分利用传感技术、远程视频监控、地理信息系统、物联网、云计算等新一代信息技术及统一的智慧工地平台，有效地将信息数据采集分

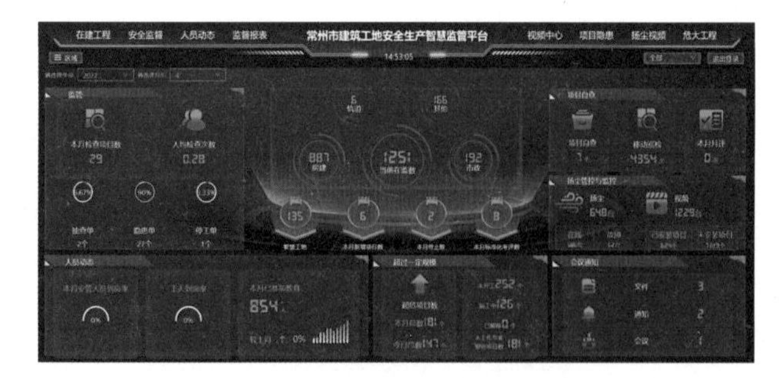

图5.2–1　常州市建筑工程安全生产智慧监管平台（首页）

图5.2–2　常州市建筑工程安全生产智慧监管平台（在建工程）

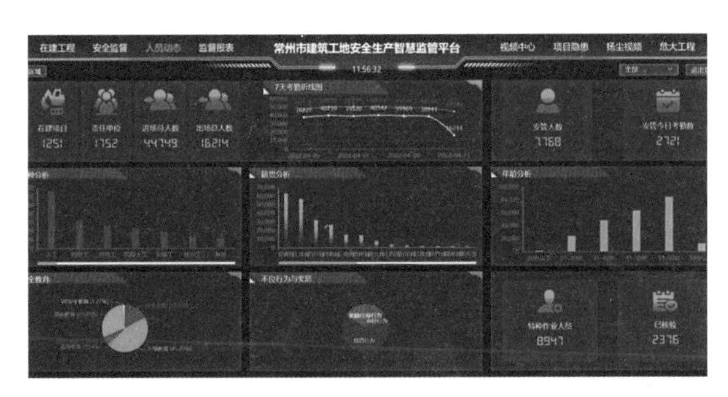

图5.2-3　常州市建筑工程安全生产智慧监管平台（安全监督）

图5.2-4　常州市建筑工程安全生产智慧监管平台（人员动态管理）

图5.2-5　常州市建筑工程安全生产智慧监管平台（视频中心）

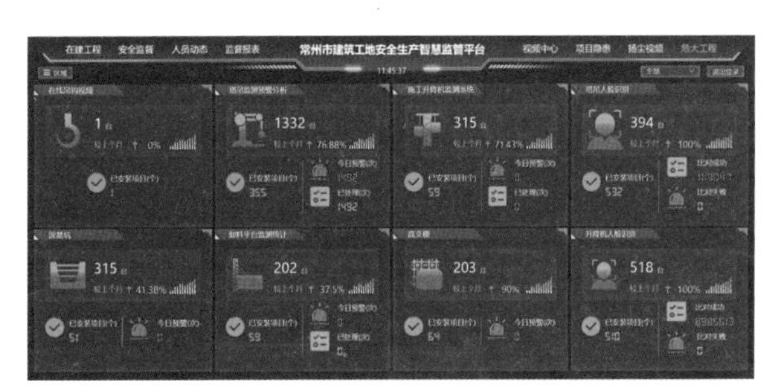

图5.2-6　常州市建筑工程安全生产智慧监管平台（危大工程）

类，通过统一平台将信息进行分类，并合理地分解到相应的管理部门中去，各部门利用相应的信息数据进行各自分管的业务管控，例如安全管理、劳务管理、扬尘管理等业务管理，确保安全生产，提供辅助决策。如图5.2-7、图5.2-8所示。

图5.2-7　常州市集成电路产业用房及配套设施项目智慧工地平台（首页）

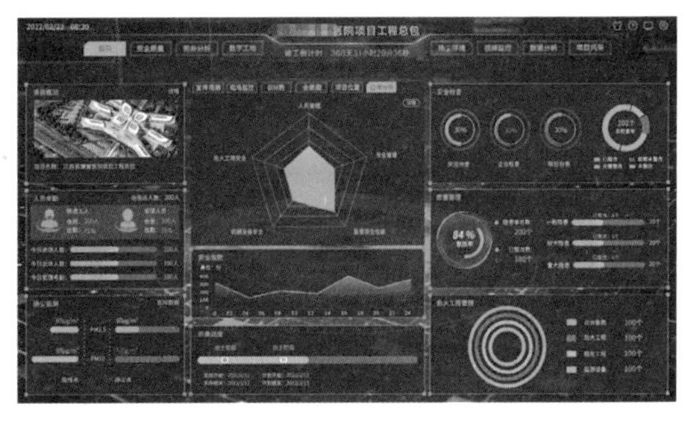

图5.2-8　项目智慧工地3.0平台（首页）

三、建设成效

（一）工程项目信息更直观、更便捷

依托于省安管平台，常州市平台能全面实时展示所有在建工程项目的基本信息、位置信息、五方责任主体的相关信息及项目类型等关键信息，有助于了解和掌握常州市建设工程项目的实时基本情况。

（二）进一步强化安全生产主体责任落实

常州市建筑工程安全生产智慧监管平台通过抓取省安管系统相关信息，既能实时查看监督机构巡查工地检查出的所有工地安全隐患情况和整改情况，又能查看智慧工地项目自查、移动巡检、标准化月评、隐患排查和整改闭合等主体责任落实情况，通过对建设工程全过程进行监管，进一步推动落实安全生产主体责任。

（三）进一步提升问题发现能力和处置能力

安全生产智慧监管平台提供了危大工程的预警功能，目前扬尘视频和PM2.5环境监测设备5000平方米以上全覆盖并且已经接入平台，所有塔式起重机预警设备与工地实名制考核系统已经全部接入，人员定位、深基坑和高支模、标准化临边防护缺失预警，卸料平台超载预警等信息化设施，智慧工地也已经全部接入。一旦发生情况，系统会进行预警推送，监管人员通过视频复查和现场核查，大大提高了问题的发现能力和处置能力。

第三节　淮安市智慧监管平台应用案例

淮安市地处长江三角洲地区，是苏北重要中心城市，面积10030平方公里。淮安有2200多年建城史，秦时置县，境内有著名的“青莲岗文化”遗址。曾是漕运枢纽、盐运要冲，驻有漕运总督府、江南河道总督府。历史上与苏州、杭州、扬州并称运河沿线的“四大都市”，曾经淮安“因运而兴、因运而盛”，有“中国运河之都”美誉。中国大运河淮安段入选世界遗产名录。淮安为南下北上的交通要道，是长江三角洲北部的区域交通枢纽，淮安市常住人口4556230人（“七普”数据）。2021年，淮安市实现地区生产总值4550.13亿元。

淮安市在建工程项目849个，建设项目数量和规模快速增长，对建筑工地质量安全管理工作的要求越来越高。

一、建设过程

（一）示范建设过程

2020年起，淮安市大力推动智慧工地建设，制定印发《关于进一步推进智慧工地建设工作的通知》，完成市直和生态文旅区两个省级绿色智慧工地示范片区建设，按照《江苏省建设工程智慧安监技术标准》，初步实现施工现场安全管理数据实时采集、智能控制、智能决策，基本实现智慧工地相关数据和智慧工地安全监管平台互融互通。2021年底前，推进市管新建工地实现智慧工地全覆盖，全市所有政府投资规模以上新建工地（建筑面积5000平方米及以上的房屋工程）实现智慧工地全覆盖。

淮安市智慧工地监管平台，包括现场安全隐患排查、人员信息动态管理、扬尘管控视频监控、高处作业临边防护、危大工程预警管理等模块，目前监管平台已初步建设完成并投入使用，初步解决工程建设中现场人员管理、安全隐患排查、危大工程监测、高空临边防护、扬尘管控等方面存在的隐患问题，做到建起来、用起来、见成效。

（二）示范引领过程

根据《关于组织申报2020年度江苏省建筑施工绿色智慧示范片区、建筑工人实名制管理专项资金奖补项目的通知》（苏建质安〔2020〕87号）要求，淮安市及各县市区申报了绿色智慧片区和建筑工人实名制管理专项资金奖补项目，通过公开招标最终确认了绿色智慧工地安全监管平台中标单位，同步完善升级淮安市现有的建筑工人实名制管理系统，实现各方数据互联互通。在此基础上，组织全市各区（县）开展智慧监管平台建设，并与淮安市智慧监管平台实现对接。目前全市已实现智慧监管平台全覆盖、数据对接全覆盖。

二、建设内容

2021年，在房建项目实现智慧工地建设及数据对接的基础上，淮安市根据智慧城市建设要求，对平台进行了全面升级和改造，增加了水利、交通工程项目数据，开发了智慧工地数据的管理与分析功能；市级平台与各县区安监机构平台及其智慧工地数据对接与分析；房建类工程项目管理从市直项目延伸到全市项目，并覆盖所有项目的劳务实名制、安全管理人员、扬尘、视频的接入与分析。该平台成为覆盖房建、市政、园林、水利、交通等多类工程项目的智慧监管平台，为淮安市智慧城市建设奠定了坚实基础。如图5.3-1～图5.3-5所示。

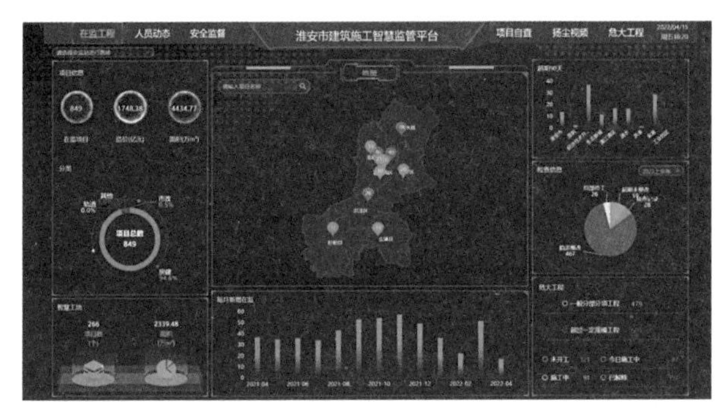

图5.3-1　淮安市智慧工地监管平台（在建工程）

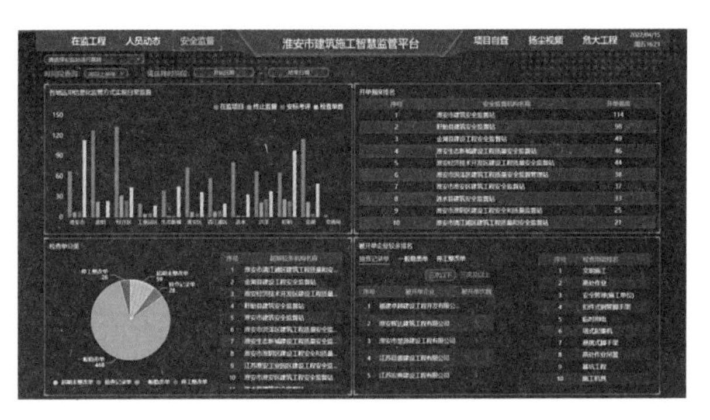

图5.3-2　淮安市智慧工地监管平台（安全监督）

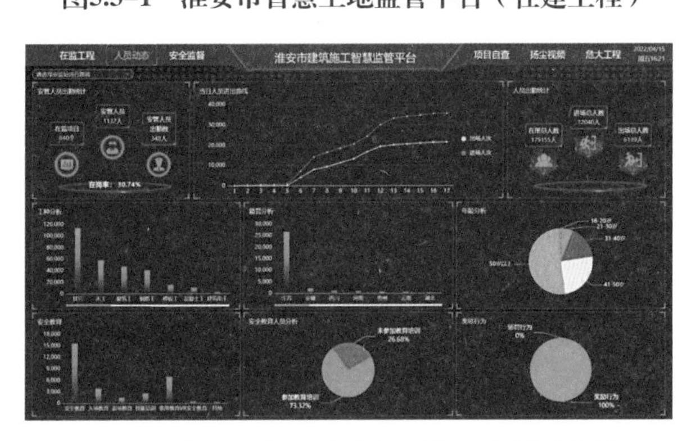

图5.3-3　淮安市智慧工地监管平台（人员动态管理）

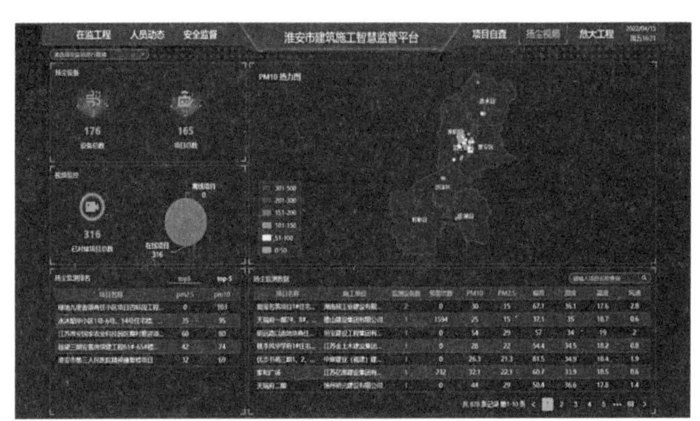

图5.3-4　淮安市智慧工地监管平台（扬尘视频）

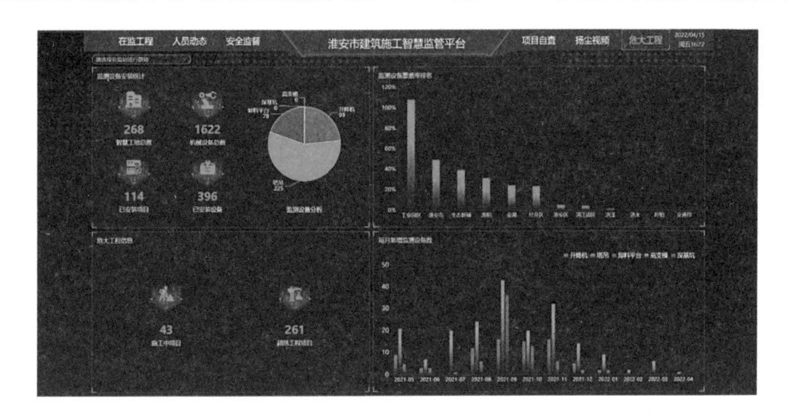

图5.3-5　淮安市智慧工地监管平台（危大工程）

三、建设成效

智慧工地是“互联网+”理念与传统建设工程领域的深度融合，将人工智能、传感技术、虚拟现实、手机网络等高科技技术运用到建筑、机械、穿戴设备等各类物体中，通过各类传感装置，构建智能监控和防范体系的大信息化平台，实现全方位全时段的监控提醒，有效弥补传统方法和技术在监管中的缺陷。

淮安市从2019年开始试点并大力推进智慧工地建设，确立了“典型示范、全面推行”的建设思路，重点围绕智慧工地“5+1”功能进行推进，“5”指的是现场安全隐患排查、项目人员动态管理、扬尘管控与视频监控、高处作业防护预警及危大工程监测预警5个模块，“1”指的是数据集成分析平台。在市政府和各级住房和城乡建设部门的共同协作努力下，市县联动、条块结合，已初步形成全市工程监管“一张网”，全力提升工地的科技化、精细化、智能化管理水平。

淮安市已初步建成一个以城市操作系统为载体，以云网安一体化为技术底座，以智链数据引擎为驱动，整合现有信息化基础资源的共性平台。作为智慧城市的一个重要组成部分，市级建设工程智慧监管平台已覆盖全市房建、市政、园林、水利、交通等多种工程类型的智慧工地平台及数据，有助于不断推进数字产业化、产业数字化，以智慧城市建设的新成果助力城市建设、社会治理、产业发展，开启人民群众智慧美好新生活。

第四节　泰州市智慧监管平台应用案例

泰州地处江苏中部，南部濒临长江，北部与盐城毗邻，东临南通，西接扬州，是长江三角洲中心城市之一。全市总面积5787平方公里，其中陆地面积占77.85%，水域面积占22.15%。市区面积1567平方千米。截至2021年12月，泰州市行政区划三市三区。全市地区生产总值超6000亿元。2021年全年房屋建筑业产值3315.75亿元，增长7.4%；土木工程建筑业产值534.22亿元，增长19.4%；建筑安装业产值69.36亿元，下降5.4%；建筑装饰、装修和其他建筑业产值86.09亿元，增长18.4%。年末全市有特级、一级和二级资质建筑企业392家，比2020年末增加4家。

泰州市在建工程项目857个，建设项目数量和规模快速增长，智慧住建是基础设施建设的重要路径，智慧监管平台是基础设施建设的必要手段，科技创新应用，有助于实现节能减排，促进经济结构调整和产业转型升级，创造新的经济增长点。

一、建设过程

（一）示范建设过程

泰州市住房和城乡建设局于2020年10月启动智慧监管平台搭建需求调研，并向市财政局申请专项资金208.5万用于平台搭建及各项目奖补；11月13日，委托公共资源交易中心在泰州市政府采购平台发布绿色智慧工地监管平台公开招标采购公告。于2021年3月底完成平台开发工作并投入试运营。根据《省住房和城乡建设厅关于推进智慧工地建设的指导意见》（苏建质安〔2020〕78号）、《关于组织申报2020年度江苏省建筑施工绿色智慧示范片区、建筑工人实名制管理专项资金奖补项目的通知》（苏建质安〔2020〕87号）和《关于统一全省建筑工程绿色智慧示范片区建设标准及加强过程管理的通知》（苏建函质安〔2020〕658号）要求，积极、认真开展本市示范片区建设工作。

智慧工地建设推进中，泰州市住房和城乡建设局于2021年1月5日召集20个试点项目代表，组织《关于统一全省建筑工程绿色智慧示范片区建设标准及加强过程管理的通知》文件学习宣贯。4月1日发布《关于进一步全市推进绿色智慧工地（安全部分）建设的指导意见》（泰建安〔2021〕5号），明确项目建设内容、建设范围、建设标准以及参与建设各项目的激励支持内容。

泰州市示范片区智慧安监平台建设实现了四项基础数据管理和六项集成分析功能。四项基础数据为：项目人员动态管理（包括劳务人员信息管理与共享、安管人员在岗履职、特种人员管理）、扬尘监测及视频监控、项目隐患排查、危大工程管理及监测等数据展示。集成分析功能为六项数据分析：项目基础数据分析、安全监督业务分析、项目现场人员分析、项目隐患排查分析、扬尘监测分析、危大工程实时监测分析等（前两项数据分析来自省安管系统）。

（二）示范引领过程

结合江苏省住房和城乡建设厅《关于2020年度省级绿色智慧示范片区专项资金奖补项目验收情况的通报》（苏建函质安〔2021〕646号）文件，泰州市的20个智慧工地试点项目中，19个符合验收标准。泰州市对19个试点项目实施资金奖补措施。

基于智慧工地试点项目的引领作用，于2022年1月21日泰州市住房和城乡建设局发布《关于进一步推进全市智慧工地建设工作的通知》（泰建发〔2022〕10号），明确了将区县级平台接入市平台；规定了全市所有新建中型规模以上工程应建立项目智慧工地管理平台，并与政府端平台数据对接，实现基于智慧工地安全相关的大数据分析；规范了智慧工地建设内容、接入流程、验收创优方案；目前三市三区智慧监管平台已全部接入（海陵区、姜堰区采用市级二级平台），全市所有新建中型规模以上工程的智慧工地的创建工作正紧密推进中，实现了统一监管，数据互联互通。

二、建设内容

泰州市智慧监管平台的建设是以提升建筑施工质量安全管理水平为目标，升级城市建筑工地治理模式，拓展智慧建设在城市建筑工地中的应用，打造集危大工程动态管控、智能预警、人员管理、环境监测、质量安全管理、信息推送于一体的智慧工地综合管理系统。如图5.4–1～图5.4–9所示。

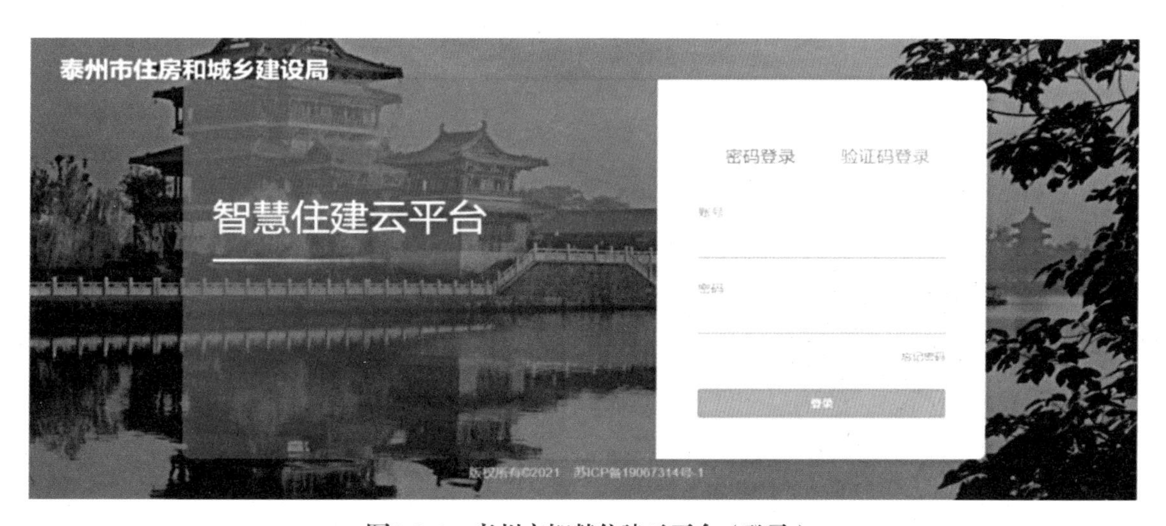

图5.4–1　泰州市智慧住建云平台（登录）

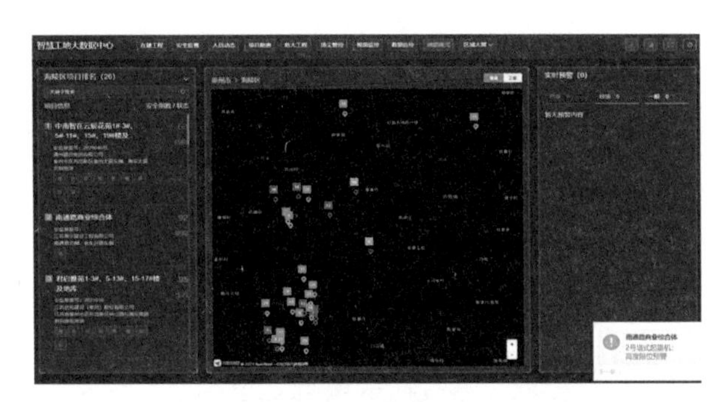

图5.4-2　泰州市智慧住建云平台（在建工程）

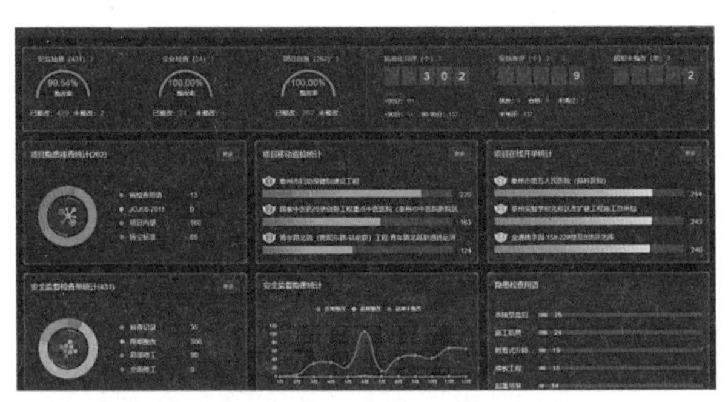

图5.4-3　泰州市智慧住建云平台（安全监督）

图5.4-4　泰州市智慧住建云平台（人员动态管理）

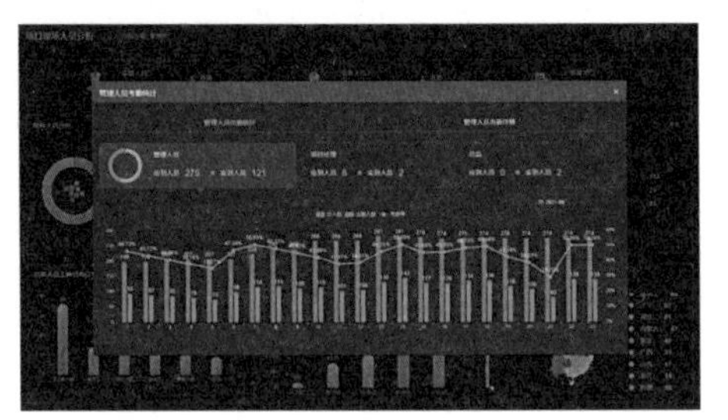

图5.4-5　泰州市智慧住建云平台（安管人员考勤）

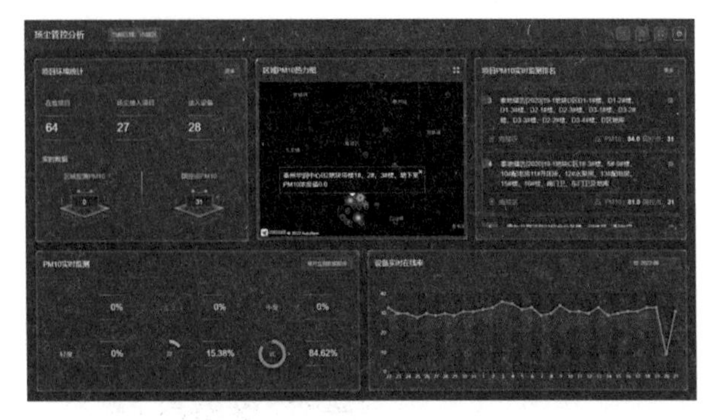

图5.4-6　泰州市智慧住建云平台（扬尘管控）

图5.4-7　泰州市智慧住建云平台（视频监控）

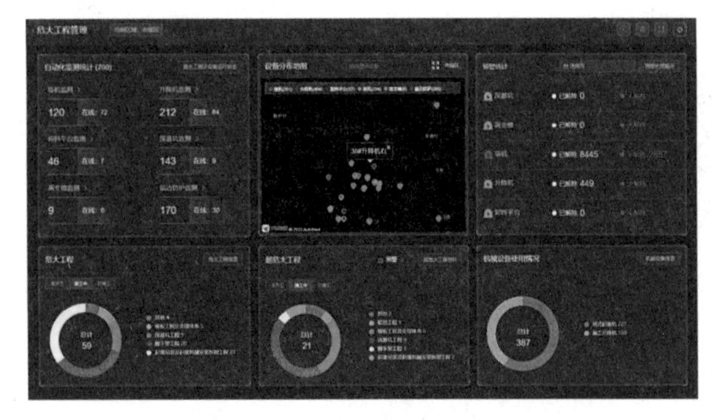

图5.4-8　泰州市智慧住建云平台（危大工程）

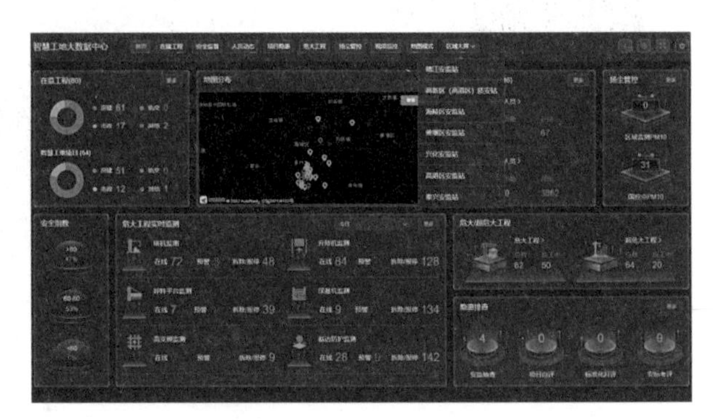

图5.4-9　泰州市智慧住建云平台（区县平台）

三、建设成效

通过对各项目采集数据的分析，系统自动生成企业大数据分析报告。大数据分析报告内容包括：设备在线率统计分析、预警类型统计分析、管理人员在场统计、劳务人员在场统计、人员信息分布（学历、年龄、地域）、环境监测数据分布、多维度关联分析。针对以上统计分析，确定安全生产管理的薄弱环节，为有针对性地组织集中整治、专项整治活动提供数据支持，提高企业精细化管理水平。

建立项目红黄蓝牌管理制度，针对项目预警危险等级、预警次数，计算项目安全指数，对于安全指数较低的项目进行专项整治，大大提高了安全监管工作效率和管理力度。

通过该项目的建设，推动监管工作重心由“事后处理”向“事前预防”和“事中控制”的转变，推动监管方式由“人防”向“人防+物防+技防”转变，推动监管效能由重点监管向全流程、全时段、全覆盖监管转变。有效支撑安全监管和安全文明生产，提高监管效率、降低监管成本。

第五节　南京市江北新区智慧监管平台应用案例

2015年6月27日，南京市江北新区由国务院批复设立，是全国第13个、江苏省首个国家级新区。新区位于江苏省南京市长江以北，包括浦口区、六合区和栖霞区八卦洲街道，总人口约250万，规划面积788平方公里；其中，新区直管辖7个街道，共386平方公里。

一、建设背景

江北新区目前正处于建设高峰时期，江北新区建设和交通工程质量安全监督站（简称质安站）承担了全区250余个房建项目和50余个市政项目的质量和安全监督工作，建设项目数量和规模快速增长，对建筑工地质量安全管理工作的要求越来越高，加之管辖区范围广、工程项目类别多，现有编制人员和技术力量无法有效满足目前对工程质量和安全服务工作的要求。如何解决有限的工作力量和不断增加的管理压力，是质安站目前急需解决的问题。

为进一步提升江北新区建设工程质量安全管理力度，提升建筑工地安全、质量监督管理效能，形成“端+云+大数据”的业务体系和创新管理模式，质安站根据实际工作需要，2017年底启动智慧工地平台项目，按照《南京市工地视频监控和环保在线监测信息系统建设实施方案的通知》（宁建质字〔2018〕590号）等文件的要求，在2018年和2019年完成了两期建设任务，联合生态环境和水务局、综合执法局、科技创新局出台了江北新区《智慧工地监管系统建设实施方案》，打造新区建设工程智慧监管体系。2020年5月，根据省、市最新要求，启动了江北新区绿色智慧示范片区项目建设，选取25个工地作为试点项目，2021年12月平台完成创建，并以优良的成绩顺利通过验收。

二、建设内容

平台先后经过试点过程、推广发展过程和示范引领过程。

（一）试点过程

2018年，江北新区建设与交通局通过市场充分调研，形成了江北新区智慧工地可行性研究报告，明确了智慧工地详细需求，通过政府采购上线运行了江北新区智慧工地扬尘管控平台（一期），平台分为政府端和项目端，可使用电脑和手机登录，主要包含扬尘监测系统、车辆未冲洗自动抓拍系统、视频监控系统，为新区工地的扬尘管控提供了有力的抓手。如图5.5-1～图5.5-7所示。

图5.5-1　平台政府端大数据看板（一期）

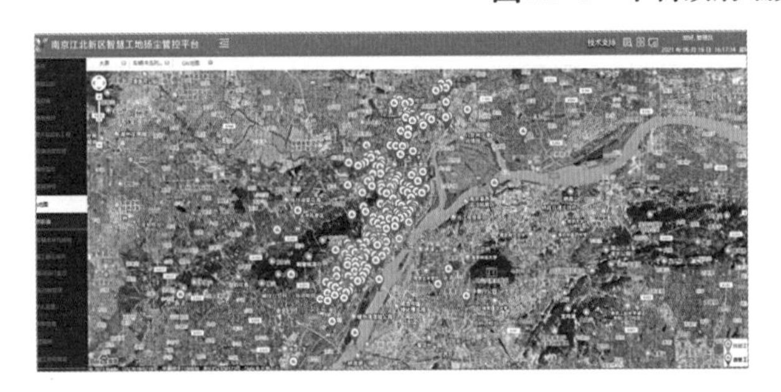

图5.5-2　平台政府端GIS地图

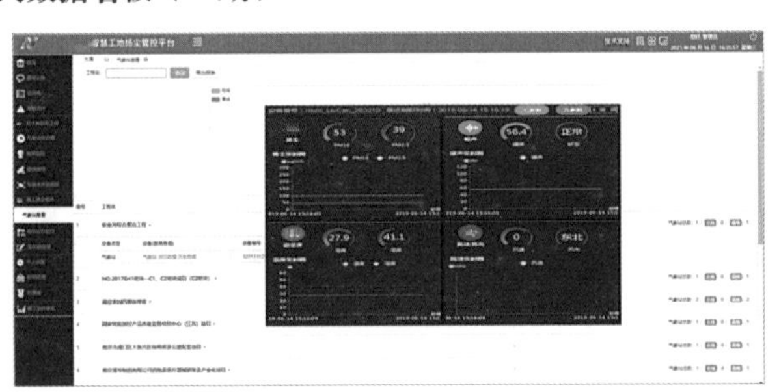

图5.5-3　扬尘监测系统

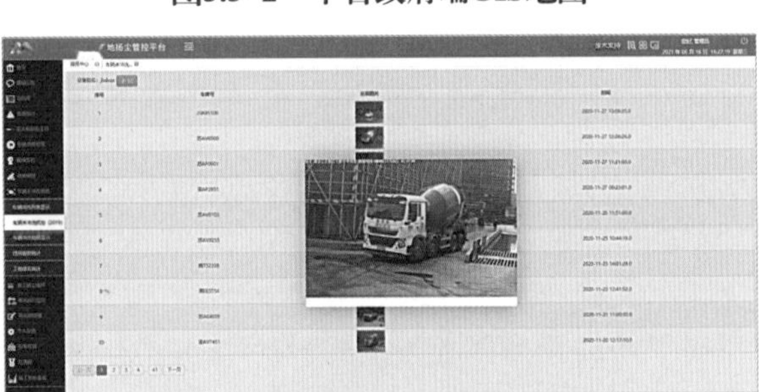

图5.5-4　车辆未冲洗自动抓拍系统

图5.5-5　视频监控系统

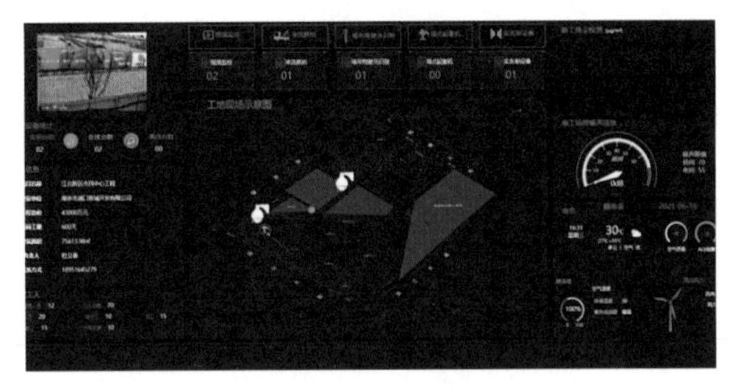

图5.5-6　平台项目端大数据看板（一期）

图5.5-7　平台手机端（一期）

（二）推广发展过程

2019年，为了进一步强化监管，平台进行了升级改造，上线运行了南京江北新区智慧工地综合监管平台（二期），在原有系统基础上增加了实名制和作业工人工资管理、建设领域防疫管理等系统。如图5.5–8～图5.5–13所示。

图5.5–8 平台政府端大数据看板（二期）

图5.5–9 平台政府端实名制管理

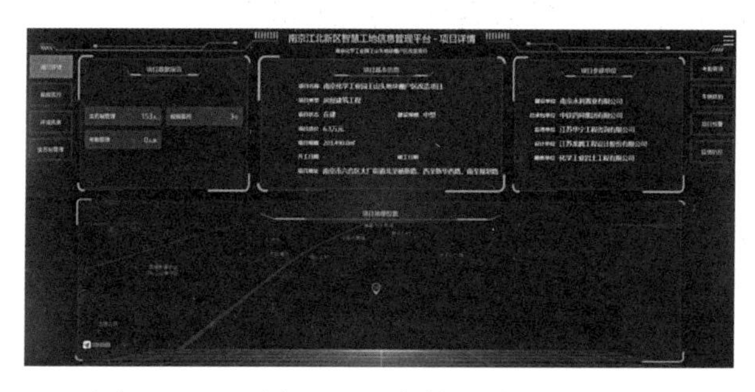

图5.5–10 平台项目端大数据看板（二期）

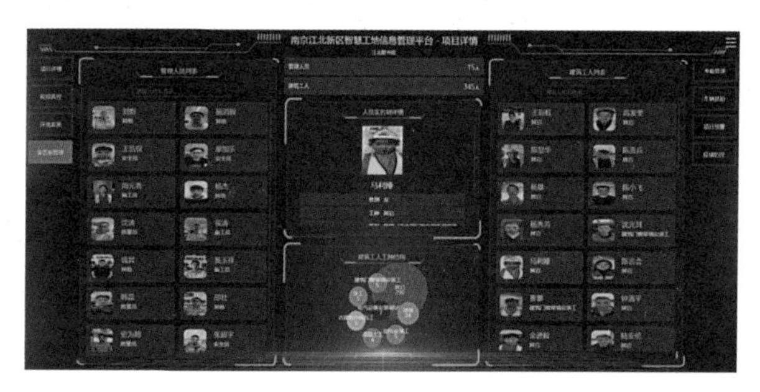

图5.5–11 平台项目端实名制管理

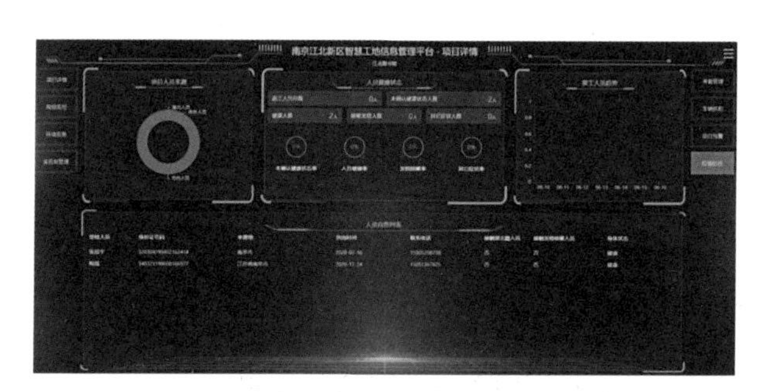

图5.5–12 平台项目端疫情防控

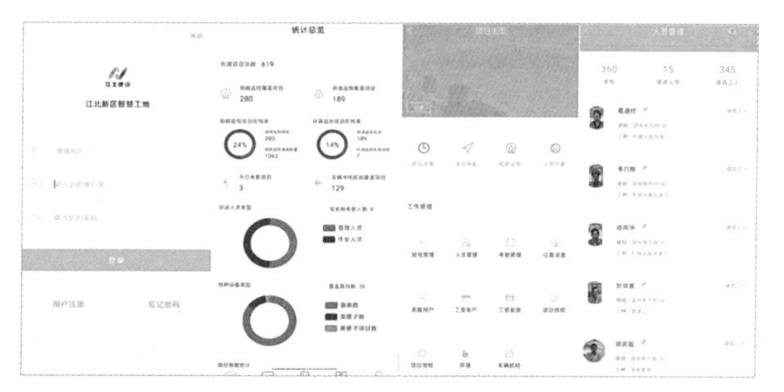

图5.5–13 平台手机端（二期）

（三）示范引领过程

2020年，江北新区积极落实《关于组织申报2020年度江苏省建筑施工绿色智慧示范片区、建筑工人实名制管理专项资金奖补项目的通知》（苏建质安〔2020〕87号）要求，上线运行了江北新区智慧工地平台（三期），平台建设包含政府端和项目端。内容包含在建工程及智慧工地动态管理、安全监督业务分析、项目人员动态管理、项目隐患排查及标准化考评分析、扬尘管控与视频监控、危大工程管理等，并完成与市、省业务系统的数据推送接口。实现对工地建设监管的三层管理方式，企业人员掌握工地建设的实时状态，掌握辖区内工地建设状况，江北新区全面管理所有数据，通过大数据平台AI智能分析、展示、预警推送、反馈，为监督执法提供数据支撑，提高江北新区对建筑工地、堆场、搅拌站、土场等场所智能化监管力度。

政府端能够为监管部门提供多层级数据共享，对项目建设全过程多方面进行管控，并汇集所有数据到平台中心，实现数据分析，问题追根溯源，帮助项目实现效益最大化。如图5.5–14所示。

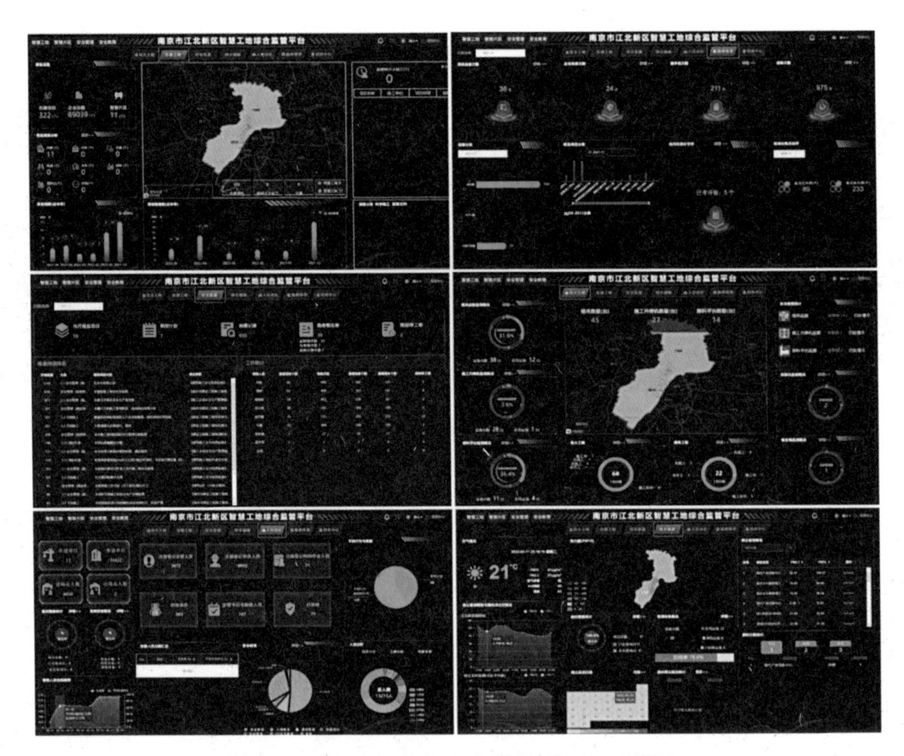

图5.5–14　平台政府端大数据看板（三期）

项目端实现了施工过程的智能感知，数据自动上传，通过将物联网、互联网、智能终端采集设备、云平台、大数据等先进技术运用到施工管理中，施工监管人员通过云平台实时了解工地项目进展情况，管理人员可以远程实时监控，避免施工现场的潜在安全威胁，确保工地安全生产，提升安全检查效率和质量。如图5.5–15、图5.5–16所示。

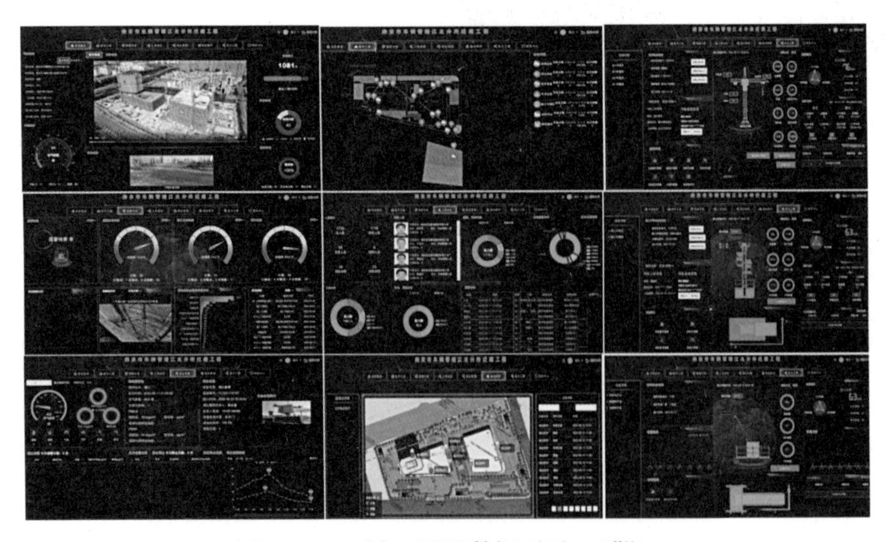

图5.5–15　平台项目端数据页面（三期）

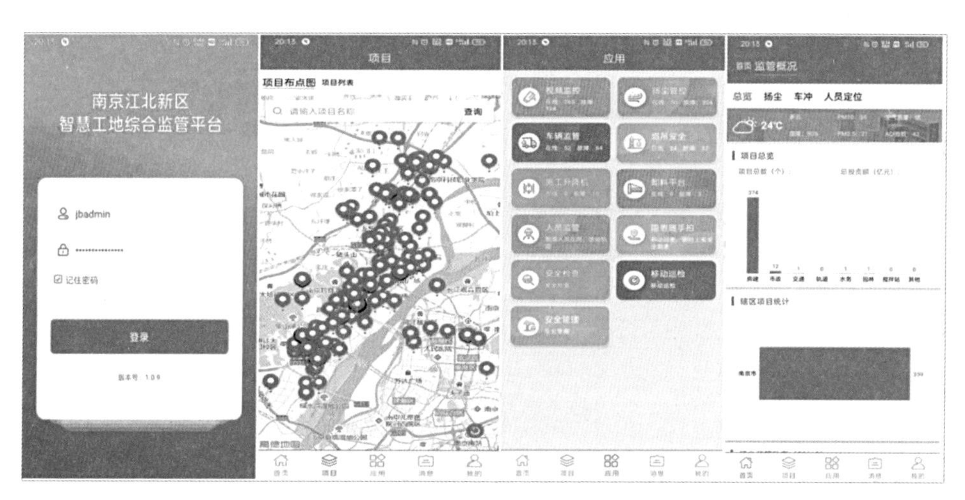

图5.5-16　平台手机端（三期）

三、建设成效

（一）经济效益

一是节约建设成本。依托江北新区“政务云”建设南京江北新区智慧工地综合服务平台，实现基础设施层、安全保障体系、运维管理体系的统筹规划，提高资源集约度，降低建设成本。按照之前政务云的成本核算，自建基础设施与租用政务云服务模式对比，本项目基础设施建设成本可以降低50%。

二是节约管理成本。利用信息化工程，实现集约化管理和运维，规避资源投入的无序化，节约了管理成本。

三是提高系统资源利用率。通过江北新区“政务云”平台统筹考虑基础资源，资源集约，提高了资源利用率，降低了成本。利用云计算技术，实现服务器资源、存储资源和软件资源的统一管理、统一分配、统一部署、统一监控和统一备份，打破应用对资源的独占。

四是强有力地推动行业及城市经济发展。智慧工地以建筑服务为基本，针对建筑管理问题，将互联网大数据信息处理技术与城市建筑服务无缝对接，为建筑全生命周期提供专业、智能的解决方案，促进建筑产业现代化发展，对于建筑行业乃至整个城市的发展水平都有着极大促进作用。

（二）社会效益

一是进一步提升工地管理效率。智慧工地监管平台的建设，进一步整合了用户、企业、管理部门等工地监管方相关基本信息、监测信息、运营信息及管理信息等，同时利用业务主管部门或单位的信息资源和技术支撑，明确了责任分工，落实了安全监管责任，强化智慧工地领域安全管理。

二是为施工安全提供有力技术保障。智慧工地监管平台把施工安全管理作为重点建设内容，通过平台建设，可以进一步促进施工过程环节信息的全面有机结合，以更优质的服务促进施工安全的良性发展。

三是提高政务公开和公众化参与水平。通过智慧工地监管平台建设提供的技术服务，可以及时了解全局的施工安全监管信息，从整体上把握施工安全监管工作方面的发展动态，提高安全监管工作效率与决策水平，对提高江北新区施工安全整体管理水平具有极大的促进作用。

（三）管理效益

一是规范运营管理，提高智慧工地管理效能。为进一步加快智慧工地建设，根据省、市、江北新区相关文件的要求，结合江北新区实际，印发了《江北新区智慧工地监督考核规定》（宁新区建监字〔2020〕15号），从智慧工地安装范围及安装要求、智慧工地申报、监督考核三个方面对智慧工地的创建申报及后期管理考核提出了明确要求。质安站每月会对项目及科室智慧工地运营、监管情况进行抽查，抽查结果纳入月度通报及科室季度考核。

二是专人专责，及时发现和指导施工现场安全管理工作。专人负责平台的监管和维护，及时指导和督促工地按照施工安全文件要求展开工作，使得施工工地现场长出“眼睛”“耳朵”“鼻子”，能对现场情况即刻反应、动态处置，实现自动识别和处理。同时开创性开展线上安全隐患巡查试点，使违规违法行为无处遁形。

第六节　智慧工地项目应用案例

一、南通国际会展中心项目

（一）项目概况

南通国际会展中心位于南通市中央创新区，是南通市重点工程，包含会议中心、展览中心及相关附属设施，由南通四建集团有限公司施工总承包。工程总造价14亿元，总建筑面积约12.3万平方米。其中：地上总建筑面积约8.3万平方米，地下总建筑面积约4万平方米。

项目于2018年11月1日开工，2019年9月26日竣工并正式交付使用，工期仅330天，因此项目部采用多项新技术，借助智慧工地管理系统，科学合理地加班加点，确保了“2019中国森林旅游节”的胜利召开。

会议中心：由会议室及宴会厅、精品展厅及多功能厅和登录厅组成，总建筑面积81415平方米，建筑高度为32米。工程采用预应力高强混凝土管桩基础，主体采用钢框架结构体系，大跨空间屋顶采用钢桁架结构。会议中心由两部分主要功能空间组成，两个功能空间通过公共大厅连接，沿湖形成连续的微弧形建筑。

展览中心：由东展厅、西展厅、序厅和登录厅组成，总建筑面积41800平方米，建筑高度为23.6米。工程采用预应力高强混凝土管桩基础，地上为钢框架—支撑结构体系，地下为框架—剪力墙结构体系。建筑主要功能为展览、洽谈及配套设施。

（二）智慧工地实施内容

1．现场安全隐患排查

采用智安通APP进行现场检查（采用江苏省房屋建筑检查标准）。安全员通过智慧工地一体化平台系统，运用二维码打印机打印出现场二维码，现场使用APP扫描二维码进行移动巡检。工人可以通过微信小程序，搜索“隐患随手拍”即可实现随时随地地拍摄当前所在工地发现的隐患问题。所有项目动态信息实时推送，以短信、微信公众号、微信小程序实时推送项目上的隐患消息，及时整改。如图5.6–1所示。

图5.6–1　智安通APP

2．人员信息动态管理

现场工人刷脸或刷卡通过劳务实名制通道，同时现场大屏实时刷新在场及离场人数。管理人员可以通过智慧工地平台了解当日人数，结合现场工作量初步进行工作效率的计算，对安排工人工作提供一定的参考依据。如图5.6–2所示。

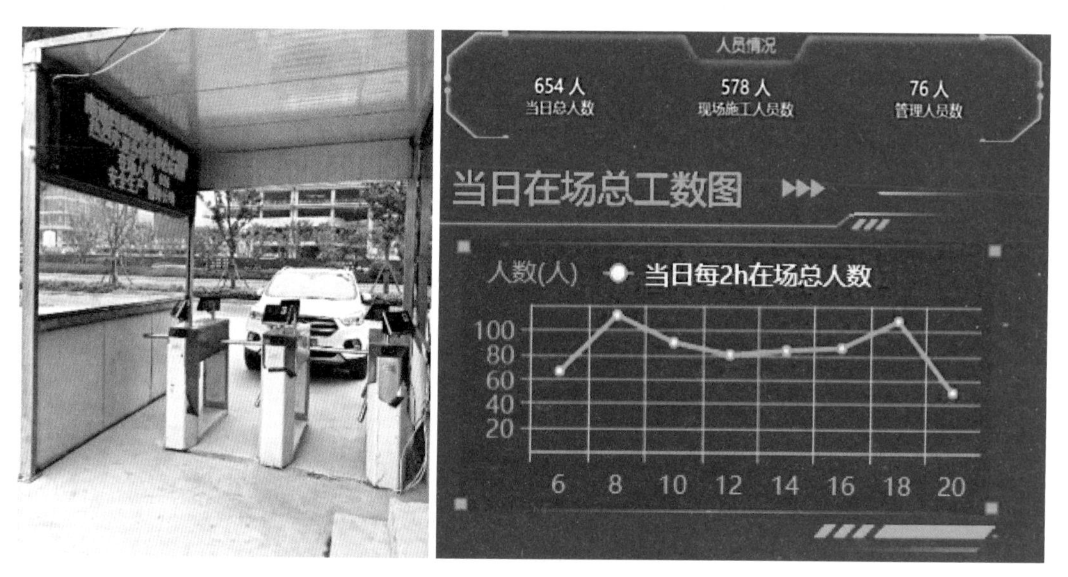

图5.6–2 劳务实名通道

（1）定位安全帽及GPS定位。现场工人通过佩戴定位安全帽，经GPS信号传输，将运动轨迹上传至智慧工地平台，精度为米级。管理人员可以根据运行轨迹结合工种、工程进度判断工人的工作状况。

（2）UWB室内定位系统。现场工人通过佩戴定位安全帽，结合现场设置的9个定位装置（防止施工破坏进行支架吊设）绘制运动轨迹；同时在现场安全隐患位置设置电子围栏，工人接近时即发生警报。

3．扬尘管控，视频监控

土方开挖施工阶段，在基坑外20米处安装扬尘监测装置，基坑围挡每隔10米安装降尘喷淋装置，通过PLC控制喷淋，并在洗车池处安装自动感应喷淋装置。

现场共设立9个远程监控装置，分别在4个大门、2个材料堆场、3台塔式起重机处设立；其中包含3台专用监控，其余6台皆为项目自主配置；其现场主要作用为监控材料堆放情况、紧急事故的回放及统计材料进出场车次数量；考虑主体钢结构造成的信号传输影响，在建筑外围设立了3个无线桥接保证传输稳定性。

4．临边防护

本项目考虑在土方开挖及基础施工阶段夜间施工人数较多，渣土车进出频繁，在基坑外围设置了一圈工具化定型化防护围挡。靠近住宿区的工具化围栏上，特意设置预警系统，防止工人因上下班绕远路，躲避劳务实名制通道，而故意翻越围栏的现象。一旦围栏报警，管理人员迅速到现场检查。

进入钢结构主体施工阶段，2个月要完成钢结构任务，压力极大。各专业进度不一，仍存在一定临边防护。但由于各专业采用平行施工，并非传统按顺序先后施工，进度差异不大。此时采用工具式围栏，耗时费力，占用塔式起重机工作时间，同时由于结构形式各具差异，工具式围栏并不一定适合现场环境，为了有效提高各专业协同、交叉作业能力，采用钢管现场加工临边防护栏杆，更符合现场实际。

5．UWB电子围栏

人员动态管理系统：现场工人通过佩戴定位安全帽，结合现场设置的9个定位装置（防止施工破坏进行支架吊设）绘制运动轨迹（蓝细线）；同时在现场安全隐患位置设置电子围栏（如黄色框区域），工人接近时即发生警报。如图5.6-3所示。

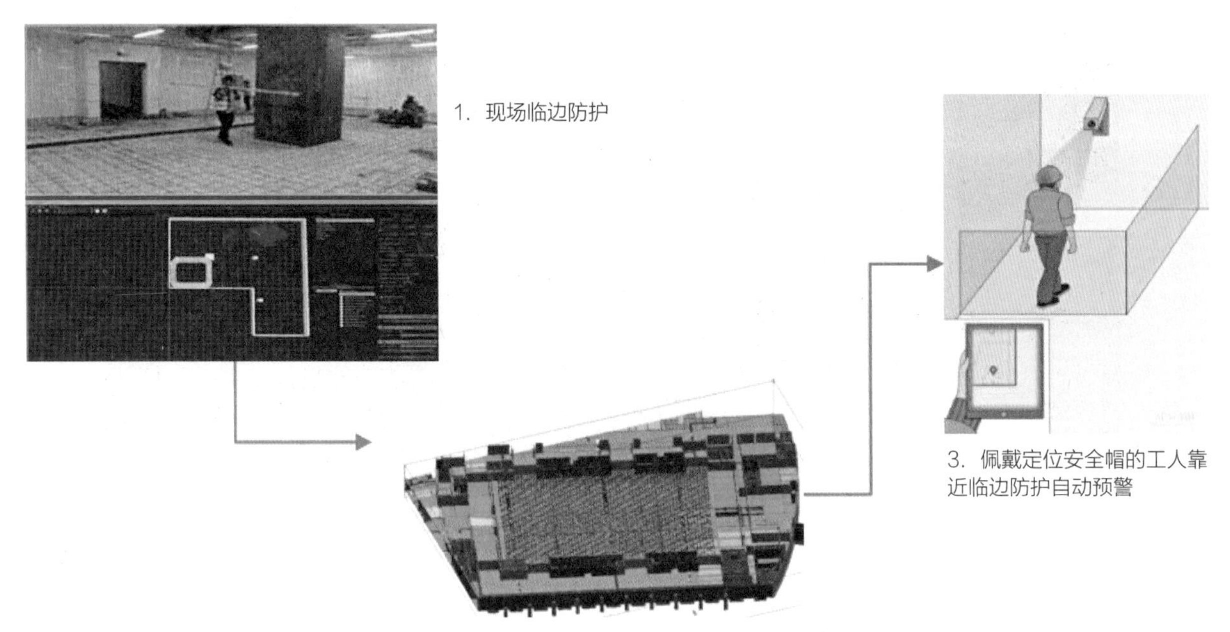

图5.6-3　UWB电子围栏

6．BIM模型

项目在设计阶段采用BIM模型出图。在各建设阶段，在总承包管理团队的统筹协调下，各参建单位明确分工，各司其职，根据工程进展，在管理协作平台上对BIM模型进行实时更新，直至竣工交付，最终将实现数字化建造与交付的目标。如图5.6-4所示。

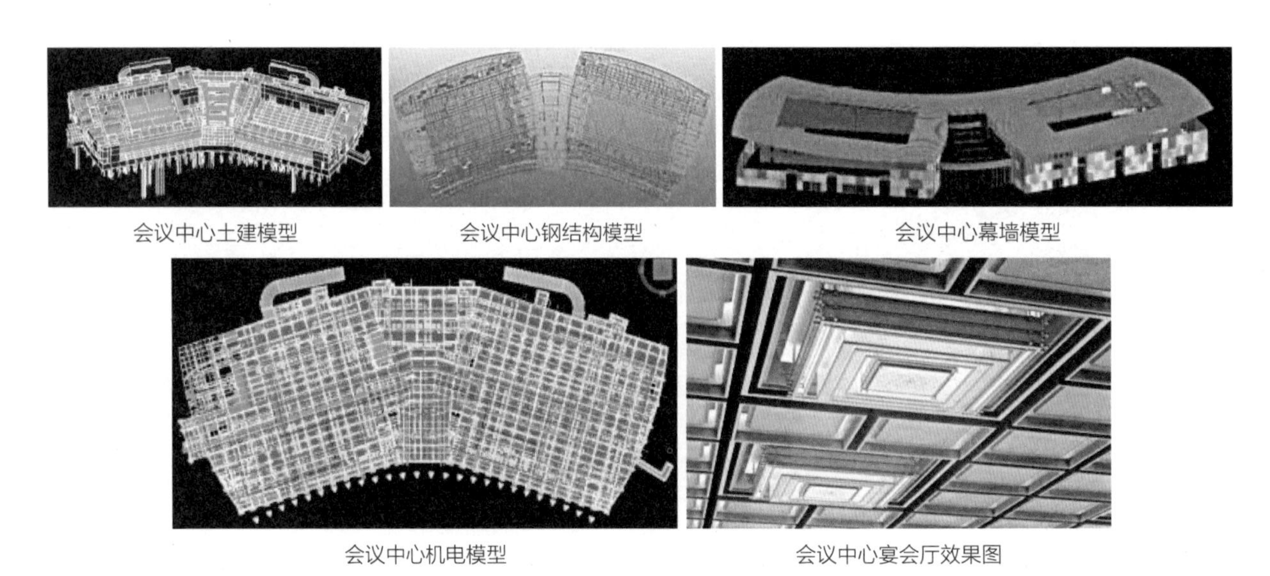

图5.6-4　BIM模型

7．无人机倾斜摄影

通过设定无人机飞行航线，使无人机采集现场影像资料，用于进度把控、安全隐患监测；通过无人机航拍，能协助现场整体部署及平面布置的日常监控，对高处临边、悬挑架结构外立面、大型设备尖端部危险区域进行检查，进行空中巡查辅助安全监管，通过控制无人机飞到“人到不了”的地方，并通过清晰的照片观察此处的状态是否安全可靠。如图5.6–5所示。

图5.6–5　无人机倾斜摄影

8．工程进度的动态管理

工地现场的工程进度每周更新，与现场实时监控及航拍数据、图像相匹配，并及时上传至智慧工地管理平台。如图5.6–6所示。

9．危大工程管理

通过塔式起重机“黑匣子”实时监控设备的运行，可以在前台实时控制塔式起重机的运行，如果出现潜在的碰撞等操作，系统自动控制塔式起重机运行。后台同时记录塔式起重机的运行，将塔式起重机工作的繁忙程度与现场施工的进度进行对比，判别塔式起重机是否有效运行以及明日塔式起重机最为繁忙的区域，提前做好安全备案。如图5.6–7所示。

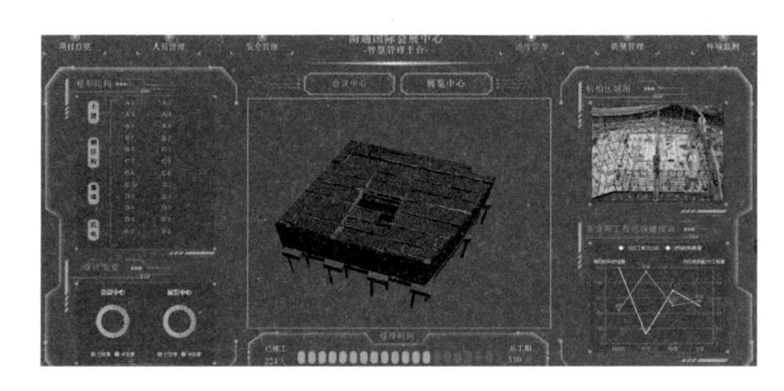

图5.6–6　工程进度管理

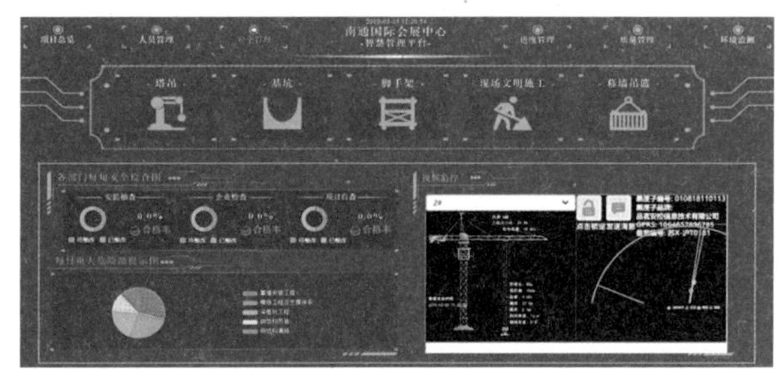

图5.6–7　塔式起重机监控

（三）总结与展望

南通四建南通国际会展中心项目引入智慧工地管理系统，实现了项目管理的多方面突破。

劳务管理方面：建立了人脸识别及刷卡进场管理制度，以及工人出勤台账，有效减少了劳资纠纷。

安全施工方面：对危大工程的事故高发区实施监测，减少了人力投入，遇到险情可以提前报警。

扬尘控制方面：对现场扬尘噪声实现全天候自动监测，多方联动，提高了控制效率和有效性。

智慧工地管理平台的应用，提高了工作效率，加快了工程进度，完善了质量管控，特别在安全管理方面，做到了事前事中事后全方位管控，提升了项目的整体效益。

“智能建造”时代，综合型施工管理团队的培养，拥有IT、BIM、GIS等专业知识的管理人才；现场监控数据的交叉化、综合化自动、半自动处理分析，使管理者有时间、有方向、有针对性地处理现场实际问题；寻求智慧工地为施工管理创造效益、增加利润的基本方法和理论，让项目愿意用、希望用、深入用。

二、泰州市第五人民医院（脑科医院）项目

（一）项目概况

该项目位于泰州市海陵区运河路南侧、春华路东侧，总投资34983万元，项目总建筑面积约4.25万平方米，主要包括门诊医技楼、内外科住院楼、精神科住院楼等5个单体建筑。规划总床位600张，建成后，能够为精神障碍患者提供专门的救治场所，是泰州地区首家以治疗精神疾病为主的医疗机构，将有效提高泰州市医疗综合水平。如图5.6–8所示。

图5.6–8 泰州市第五人民医院（脑科医院）项目管理平台

（二）建设内容

1. 人员管理

实名制考勤：实名制通道采用“三辊闸+人脸生物识别+进门测温”的方式与泰州市建筑从业人员管理服务平台共享数据。如图5.6–9所示。

人员立体定位：将高灵敏度GPS/北斗模块内置于安全帽中，通过运营商GPRS信道传输GPS/北斗数据至云服务器。如图5.6–10所示。

管理板块：提供具有定位、感知、预警和音视频通信功能的一体化智能穿戴设备，解决安全生产作业过程中存在的隐患问题。如图5.6–11所示。

VR安全教育：相对于传统的教育方式，科技感、沉浸式、互动式体验对受训者更具有吸引力，能够让受训者身临其境地体验危险源发生过程，具有强化安全教育作用。如图5.6–12所示。

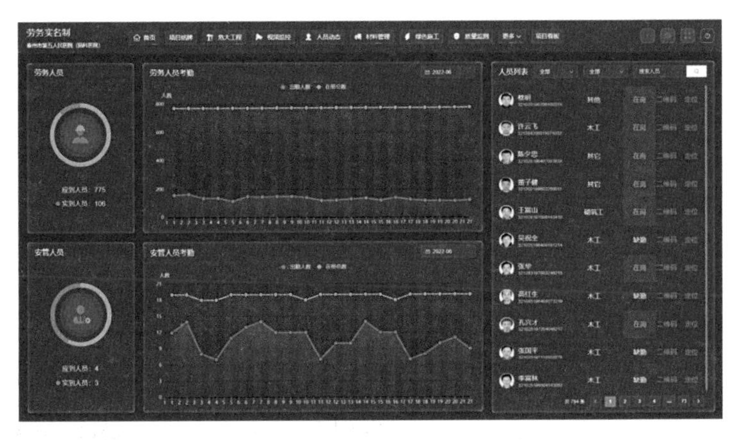

图5.6–9　人员管理平台

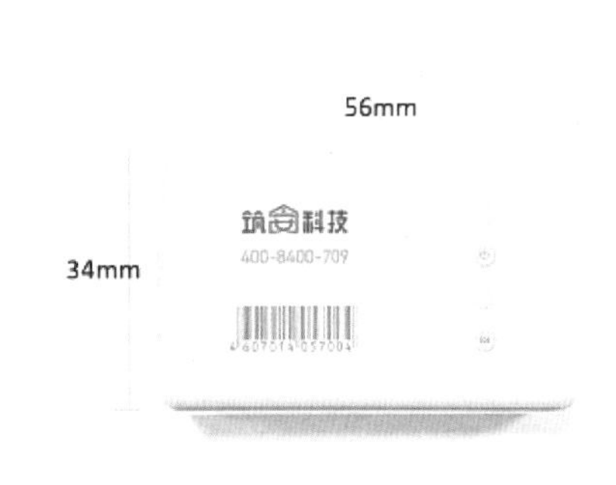

图5.6–10　GPS/北斗模块

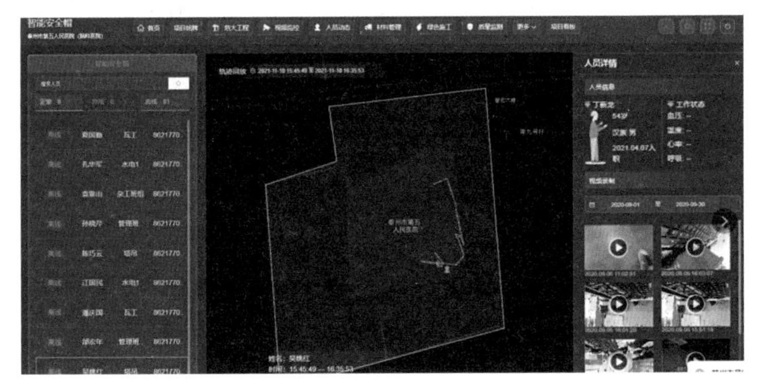

图5.6–11　管理板块

图5.6–12　VR安全教育

2．机械设备管理

塔式起重机安全监控：项目共3台塔式起重机，由于施工场地限制，3台塔式起重机之间距离有限，群塔作业势必带来碰撞的危险，均需要部署监控及防碰撞模块。系统先进独有的算法，支持分布式部署，即便单个塔式起重机出现故障也不影响其他正常作业。

施工升降机安全监控：系统实时检测并显示施工施工升降机的运行状态，上下限位状态检测、内外门检测、整机载重超限检测、楼层呼叫、楼层显示功能、分时段超载限制功能、高度限制（冲顶预警）、防坠安全器在位检测等监控模块，全方位保护施工升降机运行安全，协助项目部全面掌握施工升降机的状态。如图5.6–13所示。

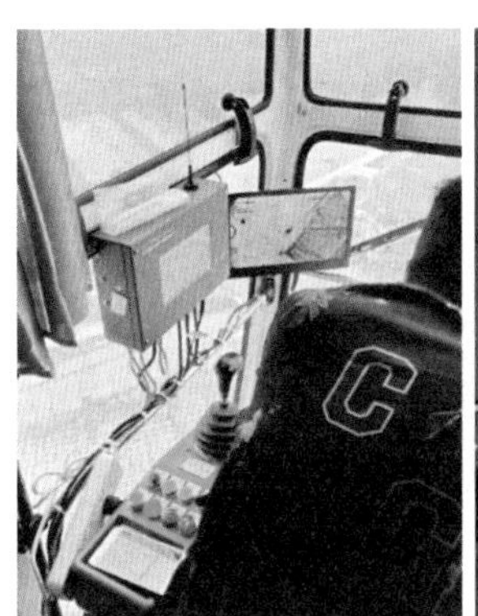

图5.6–13　机械设备管理

卸料平台安全监测：实现了对施工现场卸料平台超载超限问题的实时监控，当出现过载时发出报警，提醒操作人员规范操作，防止危险事故发生，为用户提供更为安全的施工环境。如图5.6-14所示。

3. 危大工程管理

高支模安全监测：高支模实时监测警报系统采用自动化的监测手段，对高支模的模板沉降、支架变形和立杆轴力实时监测，可以实现“实时监测、超限预警、危险报警”，有效预防高支模坍塌，减少项目损失。如图5.6-15所示。

图5.6-14　卸料平台安全监测

图5.6-15　高支模安全监测

防护栏状态监测：系统前端具有红外探测器，在不影响施工的前提下，可以有效探测人体信号，及时发现人员经过，将信号发送给报警主机。如图5.6-16所示。

4. 项目物料管理

无人值守收验货：运用芯片式智能地磅高度集成终端管控现场来料，有效解决“跑、冒、滴、漏”等问题。如图5.6-17所示。

5. 项目现场管理

安全隐患排查：运用二维码巡更、隐患随手拍辅助现场安全隐患排查，实现闭环式精准管理。如图5.6-18所示。

AI视频监控：运用AI视频分析和深度学习神经网络技术，分析施工作业现场视频，对现场安全隐患实时预警，变事后查询为事前防范预警监控。如图5.6-19所示。

图5.6-16　防护栏状态监测

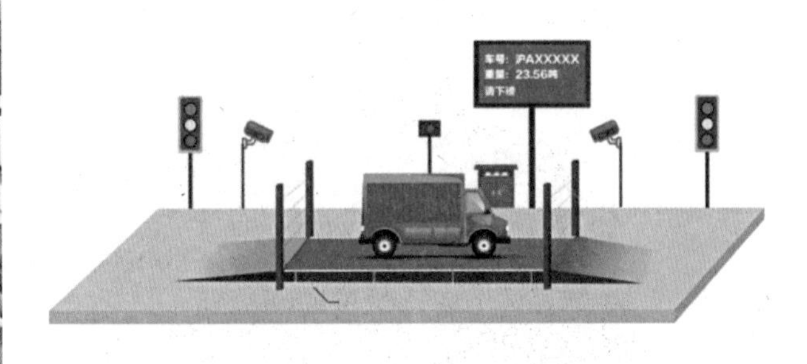

图5.6-17　无人值守收验货

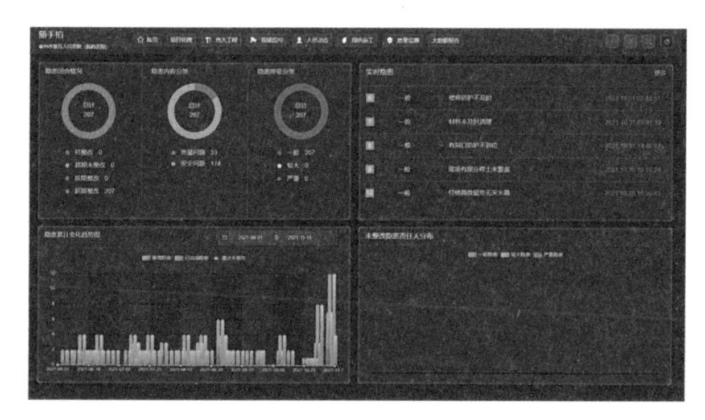

图5.6-18 安全隐患排查

图5.6-19 AI视频监控

6．绿色施工管理

扬尘噪声监测：将PM2.5、PM10、噪声、风速、风向、空气温湿度等数据进行实时采集和分析，智能分类分级预警，并能联动喷淋、雾炮机等设备进行自动降尘处理。

车辆冲洗抓拍：对现场车辆离场冲洗进行抓拍，一旦识别到未按规定冲洗并离场的车辆，立即启动抓拍，同时保存违规录像视频并上传至智慧工地平台。如图5.6-20所示。

智能水电监控：通过对工地现场水表、电表计量数据实时上传，方便施工企业对工程能源消耗的高效把控，减少水电资源的浪费。同时结合后台大数据的分析，帮助企业调配施工机械，提升施工效率，最终实现减员增效。如图5.6-21所示。

图5.6-20 车辆冲洗抓拍

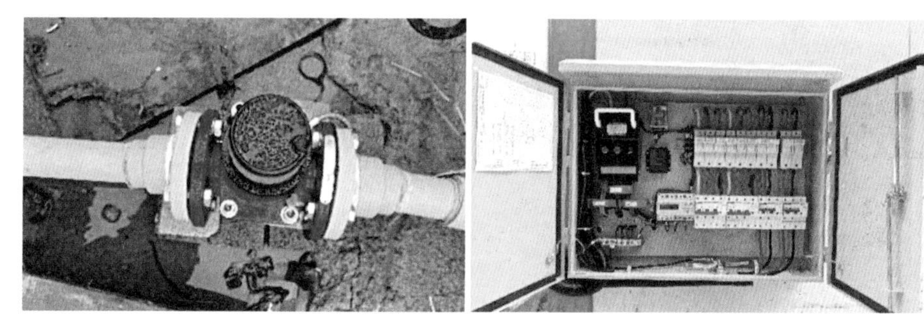

图5.6-21 智能水电监控

（三）建设成效

搭建可视、可控、可信的大数据集成平台，全面提升了管理水平，有效提高了工程质量、安全等方面的监管与服务效能，进一步实现了工程管理精细化、参建各方协作化、建筑产业现代化。重视人—机—环境的关系和质量安全，把人既看成管理对象，又看成管理动力，强化管理的内在逻辑及驱动力，实现从事后被动补救到事前主动预防的转变。

三、镇江团山睿谷项目

（一）项目概况

项目位于江苏省镇江市高新区，共有14栋单体，总建筑面积约40万平方米，其中地上部分26.3万平方米，地下部分13.7万平方米，建筑最大高度148米，占地面积14.44万平方米。1号、2号、3号、4号、5号、6号、7号、13号、14号楼为商业及办公，9号楼为研发楼，10号、11号、12号为办公楼，16号楼为商业。项目建成后将包括学术交流中心、科技金融配套服务、创新大厦、综合配套服务、总部经济、创业孵化等，将成为镇江新区的标杆建筑。

（二）建设内容

以“建设内容+”行动计划为指引，以物联网技术为核心，充分利用传感网络、远程视频监控、地理信息系统、物联网、云计算等新一代信息技术，依托移动和固定宽带网络，打造了图传系统。该系统通过对建筑工地施工的在线监控、自动监督、远程监管、调度指挥，进一步提升建设工地监督管理水平，促进建设工程科技创新。

系统的建设以“一个平台、*N*个系统”为原则，提升施工现场劳务、安全、环境、材料四大领域管理效率。主要包括：（1）智慧工地三维展示平台系统；（2）环境自动检测及联动降尘系统；（3）LED灯及限时照明控制系统；（4）未冲洗抓拍及自感应洗车台系统；（5）安全管理可视化系统；（6）起重机械安全监控系统；（7）劳务实名制系统（人脸识别及一卡通管理）；（8）防护栏杆自动监测系统；（9）VR安全教育系统等子模块。

1．智慧工地三维展示平台系统

智慧工地三维展示平台系统作为本项目的最终可视化平台，集成了BIM技术、云平台技术、互联网前端页面技术等。以BIM技术为载体，可用模型展示施工过程问题位置，方便处理问题者快速、直观了解情况。通过1∶1比例创建BIM模型，通过轻量化软件实现在浏览器上观看，方便使用者异地观看和汇报。预留以上各系统的接口，可实现视频监控图像及实时监控等功能，做到展示、监管一体化。而传统项目进度管控主要以施工进度图为主，无法直观详细地展现出项目进度情况，且难以考核进度计划的完成情况，利用三维展示平台技术+BIM技术可直观反映出项目建设实际进度和计划进度形象情况。如图5.6–22所示。

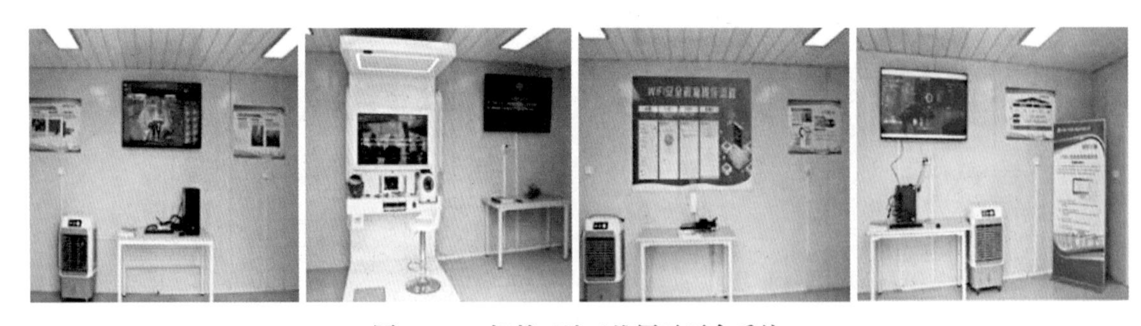

图5.6–22　智慧工地三维展示平台系统

2．环境自动检测及联动降尘系统

项目采用现场环境噪声扬尘自动监测系统，依托自动化监测终端，可以在无人看管情况下，针对不同环境扬尘重点监控区进行连续自动监测，并通过GPRS/CDMA移动公网、专线网络（中国电信、中国移动、中国联通）传输数据。本系统主要用于城市功能区监测、工业企业厂界监测、施工场界监测。现场降尘处理系统主要由现场雾炮、围墙雾化喷淋、塔式起重机雾化喷淋组成，在环境监测系统检测指标超过阈值时，自动启动系统，也支持手动启动系统主动降尘。如图5.6-23所示。

3．LED灯及限时照明控制系统

本项目的智能照明控制系统是基于计算机技术、自动控制、网络通信、现场总线、嵌入式软件等多方面技术组成的分布式控制管理系统，来实现照明设备智能化集中管理和控制，具有定时控制、联动控制、场景模式、远程控制等功能，控制方式智能灵活，从而达到良好的节能效果，有效延长灯具的寿命，管理维护方便，改善工作环境和提高工作效率；为现代化智能照明行业提供科学管理、节能减排、精减人员、节省运营成本和提高服务质量的一套完整信息化建设与智能控制的系统解决方案。如图5.6-24所示。

图5.6-23　环境自动检测及联动降尘系统

图5.6-24　LED灯及限时照明控制系统

4．未冲洗抓拍及自感应洗车台系统

项目施工现场工程车辆进出口安装远程视频监控设备，监控设备接入车辆未冲洗自动抓拍系统。系统结合施工现场车辆冲洗装置，对离场车辆进行实时探测、自动识别和抓拍未冲洗车辆，对号牌不清、污损、破损、遮挡号牌车辆实时抓拍。相关视频信息、监控抓拍信息实时上传至智慧监测平台，可通过移动终端APP和门户网站实时查看；对于每个项目出场未冲洗和号牌不清、污损、破损、遮挡号牌车辆实时抓拍情况，每周形成统计数据发送至智慧监测平台。

在施工现场有出场未冲洗情形时，通过系统消息、短信等方式通知现场责任人采取相应应急措施，并同时通过系统消息、短信等方式通知相关监督人员。当相关监测设备非正常停止运行时，相关信息实时传输至智慧监测平台，并短信通知现场负责人、设备运行管理人员。每周将非正常停止时间、次数形成统计报表发至相关负责人。如图5.6-25所示。

5．安全管理可视化系统

现场安全监控系统主要由前端系统、传输网络和监控中心组成，其中前端系统主要负责现场图像采集、录像存储、报警接收和发送、其他传感器数据采集和网络传输；传输网络主要在工地和监控中心之间通过专线和互联网实现数据上传；监控中心是执行日常监控、系统管理、应急指挥的场所。

通过现场监控系统，实现对工地现场的远程视频监控、远程云控制球机转动、远程接收现场报警、远程与现场进行语音对话指挥等功能；管理者可以实时了解到现场的施工进度和现场的生产操作过程，也可以远程监控现场物资材料的安全，实现项目的远程监管。如图5.6–26所示。

图5.6–25　未冲洗抓拍及自感应洗车台系统

图5.6–26　安全管理可视化系统

6. 起重机械安全监控系统

塔式起重机运行监控系统由安装于驾驶室的“黑匣子”、各类传感器、无线通信模块和地面监控软件组成，用于实时获取塔式起重机当前运行参数，监控塔式起重机运行状态，实时显示塔式起重机交叉作业运行情况，进行塔式起重机碰撞危险的报警和制动控制，最大限度上保障塔式起重机作业安全。

吊钩可视化系统是吊装操作司机人员想要获得的一种安全保障设备，类似倒车影像，能准确地观察汽车后方的实际环境情况，例如是否存在儿童等安全隐患，塔式起重机在作业的过程中，尤其在高层作业过程中，塔式起重机司机需要借助一种视频设备观察到距离上百米的实际环境情况，更需要借助视频设备观察到盲区的视频图像（在建筑过程中，由于楼体等的遮挡而自然形成的视觉盲区，尤其在高层建筑尤为明显），以便做到吊装全过程可视，做到心中有数，降低事故发生的概率。

施工升降机安全监测系统，重点针对施工升降机“非法人员操控施工升降机”和“维保不及时，安全装置易失效”等安全隐患，一方面，通过高端生物识别技术，实现施工升降机操作人员的持证上岗，有效控防“人的不安全行为”；另一方面，强化源头管理，通过维保周期智能化提醒模块，实现维保常态化监管，有效预防“物的不安全状态”。如图5.6–27所示。

7. 劳务实名制系统（人脸识别及一卡通管理）

将实名制劳务管理系统建设成一个综合性的劳务管理平台，对工程建设项目施工现场劳务作业人员实行有效身份实名管理，将门禁技术、通道闸管理技术、视频监控技术、实名显示技术、劳务考评、劳务通道流量统计等科技手段集成并运用到建筑领域，服务于建筑行业。前端采集数据可以实时上传至总公司、分公司、项目部，达到信息资源共享，动态监管施工现场劳务作业人员在施工现场的所有生产活动情况。

实名制管理的主要内容是每个现场人员都做到：个人身份证明、个人执业注册证或上岗证件、个人工作业绩、个人劳动合同或聘用合同、个人历史录用情况、依法登记的其他有关个人身份基本信息情况，保证名副其实、人证相符、身份确凿、信息真实。如图5.6-28所示。

图5.6-27　起重机械安全监控系统

图5.6-28　劳务实名制系统

8．防护栏杆自动监测系统

本项目防护栏杆自动监测系统采用了人工智能模糊判断识别穿过报警区域的物体，降低误报率。自动感知周围环境变化，根据环境状况来自动调节对射的发射功率，大大延长发射管的使用寿命，降低电能消耗。调节红外光束最短遮断时间，改变红外对射探测灵敏度。如图5.6-29所示。

图5.6-29　防护栏杆自动监测系统

9．VR安全教育系统

虚拟现实技术是一种可以创建和体验虚拟世界的计算机仿真系统，它利用计算机生成一种模拟环境，是一种多源信息融合的、交互式的三维动态视景和实体行为的系统仿真，使用户沉浸到该环境中。虚拟现实是多种技术的综合，包括实时三维计算机图形技术，广角（宽视野）立体显示技术，对观察者头、眼和手的跟踪技术，以及触觉/力觉反馈、立体声、网络传输、语音输入输出技术等。

（三）建设成效

项目自开工以来，面对新冠肺炎疫情防控、大气管控、雨涝高温、冬季严寒、资金压力等诸多不利因素，项目部充分发挥企业引领作用，积极发扬“令行禁止、使命必达”的铁军精神，高效地推动了项目建设，并取得了可贺的成绩。

该项目集成了施工现场的塔式起重机防碰撞、施工施工升降机安全、人员实名制、VR安全教育、扬尘噪声监测等管理系统，在提前发现安全风险、规避安全事故的同时，实现工地的数字化、精细化和智慧化管理，并通过系统和数据的对接，支持智慧工地的行业监管。设在出入口的人脸识别智能门禁系统，可实时获取现场人员进出信息，自动统计分析现场工人数量、工种和上下班时间等数据，同时将数据实时上传至镇江市农民工实名制信息化管理平台。施工现场的工地扬尘在线监测系统，实时“捕捉”温度、湿度、风力、风向、噪声、PM2.5、PM10等指标，一旦PM2.5值超过100，安装在工地围挡上的喷淋头便自动开启。走进VR安全教育体验馆，工人们可体验虚拟环境中的触电伤害、高处坠落、物体打击等工地“事故”，安全教育由以往“说教式”转变为“体验式”，使他们切实感受到违规操作带来的危害，强化安全防范意识。每一位管理人员“标配”工程质量管理APP，他们可以通过手机，对质量、安全、进度等进行实时管理，管理记录直接进行云端存储，管理痕迹实时可见。通过智慧工地各方面仪器的辅助以及互联网技术的互通，方便现场管理人员监督，并更加全面细致地掌握现场实际情况，包括扬尘、施工升降机、塔式起重机、危险源检测等各个方面，智慧工地可以更系统、更全面、更智能化地监管现场安全生产。智慧工地使现场人员工作更加智能化，使项目管理更精益化，使项目参建各方更协作化，使建筑产业链更扁平化，使行业监督与服务更高效化，使建筑业发展更现代化。

在江苏省智慧工地评比过程中，本项目获得了镇江市第一名并成功举办了江苏省质量、安全观摩工地，被江苏新闻、中国江苏网等多家媒体报道，获评“2020年度省级绿色智慧示范观摩工地”。

结合智慧工地在团山睿谷建设项目的建设情况，总结如下：项目前期建设时加大投入临水、临电、网络等基础设施建设，这是智慧工地硬件布置的前提，现场平面布置要提前规划（尽量避免智慧工地硬件设施的二次安装）；现场扬尘设备、视频监控设备等需安排人员每日维护、检查（尤其是接入政府、公司平台内的扬尘、监控）；在智慧工地建设过程中，应形成以项目部为主导、智慧工地技术服务商配合的模式，这样智慧工地的建设才会有创新性与区分度。

四、南京江北档案馆项目

（一）项目概况

该项目位于南京市江北新区顶山街道，由南京市江北新区公建中心投资建设，由中建科工以施工总承包模式承建，总建筑面积约10.5万平方米，最大单体建筑面积约6.5万平方米。南京江北新区档案综合服务中心将成为集档案服务中心、政府信息公开中心、不动产交易中心、爱国主义教育基地于一体的公共开放、交融革新的南京城市新客厅。

（二）建设内容

1．安全管理应用

项目安全部通过安全管理系统每日巡查安全隐患，安全员利用手机端APP将发现的隐患点上传至平台，建立安全问题台账，推送至施工区域负责人及分包单位整改，拍照上传整改结果至复查人确认，实现安全问题循环管理闭合。通过系统分析与识别，自动形成台账，责任到人。不仅提高了现场人员安全管理水平，也极大提高了管理人员的工作效率，为安全生产提供有力保障。

现场临边洞口防护、安全通道、加工棚等均采用工具化定型化防护栏杆。整体美观、大方，又可重复使用。如图5.6–30所示。

项目塔式起重机进场安装时，同步安装塔式起重机监测和塔式起重机人脸识别设备。塔式起重机司机经项目部备案，其信息录入塔式起重机人脸识别系统才能启动起重设备。如图5.6–31所示。

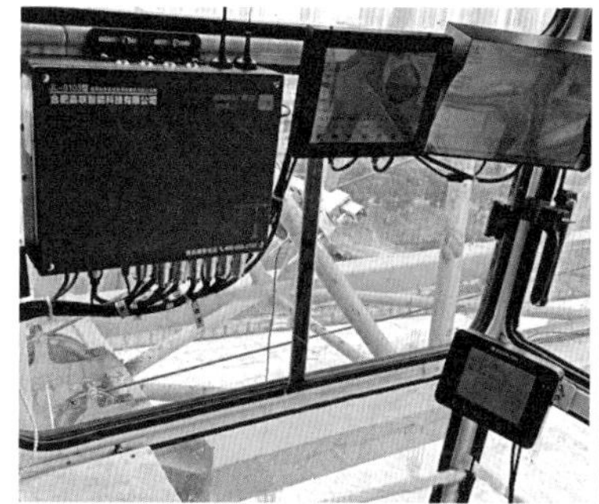

图5.6-30　防护栏

图5.6-31　塔式起重机监测设备

项目安装卸料平台监测与超载预警系统，通过系统数据上传、分析，当卸料平台堆载超过设定报警值时，自动进行报警，有效控制卸料平台的安全使用，避免卸料平台超重事故的发生。如图5.6-32所示。

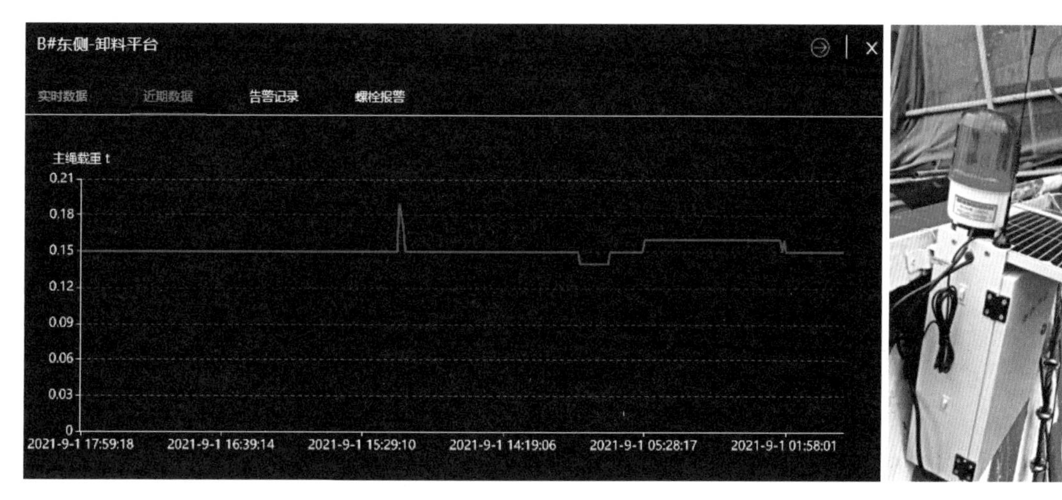

图5.6-32　项目安装卸料平台监测与超载预警系统

2．人员安全动态管理

本项目现场共设有主通道和生活区通道两处出入口，新冠肺炎疫情期间，工人生活区与施工现场无缝衔接。利用全高闸结合实名制门禁系统，实现上下班员工必须经过实名制通道进出施工现场，准确实现工人上下班考勤打卡。如图5.6-33所示。

图5.6-33　人员安全动态管理

利用现代化工具开展工人入场教育，工人持身份证或刷脸签到，通过安全学习一体机内置课程、题库，自动在线化完成安全教育学习及考试。成绩自动同步到系统中，实时打印签字，降低资料整理难度，提升工作效率。如图5.6–34所示。

图5.6–34　在线安全教育学习

3. 扬尘管控与视频监控

项目施工场地内设立两台扬尘噪声监测，可通过管理平台查看每个扬尘噪声监测设备的扬尘PM2.5、PM10和噪声等数据，同时可查看当前实时数据，或以报表、图表的方式检索查看相应的历史记录。如图5.6–35所示。

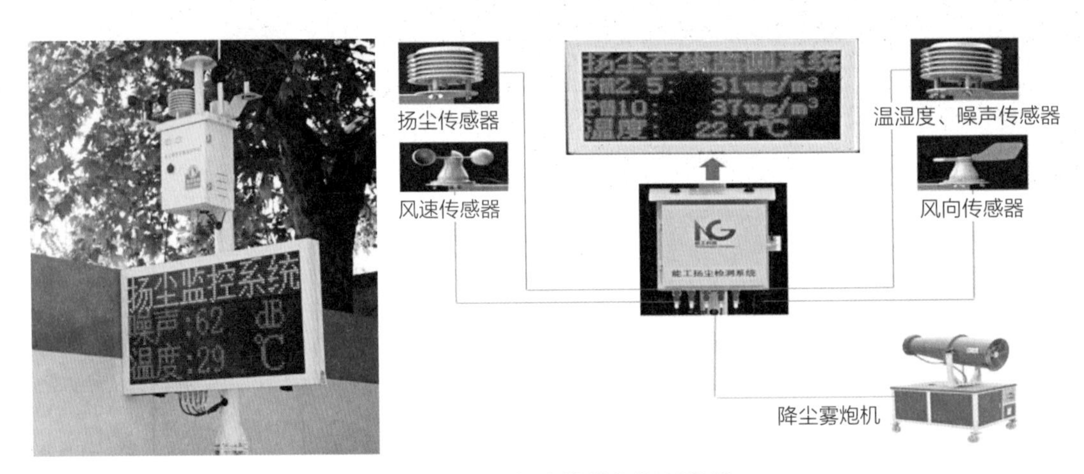

图5.6–35　扬尘管控与视频监控

视频监控根据项目现场施工进展布置，设置了大门出入口、作业面、冲洗平台、塔式起重机吊钩可视化、制高点球机等共14个监控点位。项目管理人员使用手机和电脑，随时随地查看现场录像，掌握现场施工的真实情况，为管理提供可视化依据。如图5.6–36所示。

管理人员除现场布置的固定摄像头外，也可利用AR眼镜、执法记录仪在新冠肺炎疫情期间进行现场巡查。视频头代替后台人员的眼睛，在平台数据的支持下，按巡查情况集体研判，并发出指令，实现线上线下的配合。如图5.6–37所示。

针对现场人员进场未佩戴安全帽、未穿反光背心等违规行为，项目给视频监控加上了人工智能分析模块，应用视频监控、应用智能视频分析和深度学习神经网络技术的AI蜂鸟盒子，实现对项目现场出入口、作业面等区域人员活动是否存在违规行为进行识别、分析和预警，并将报警截图和视频保存到数据库，安全员及时处理，同时每周例会前对报警记录和报警截图、视频进行查询汇总，以此规范施工人员的行为，解决项目违规行为管理难度大的普遍问题，做到安全生产、文明施工。如图5.6–38所示。

图5.6–36　视频监控现场施工情况

图5.6–37　现场巡查

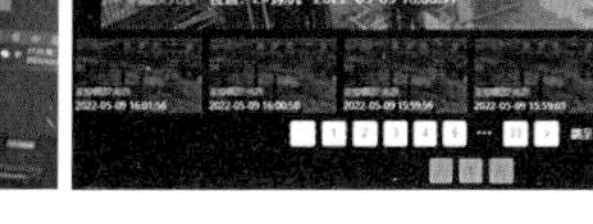

图5.6–38　智能视频监控

4．质量管理

现场质量员在例行检查过程中，用手机对质量问题拍照，并填写质量问题内容、检查区域、责任人、整改期限、罚款金额等信息，完成后系统自动推送给相关整改班组。整改班组接到整改通知后，对相关问题整改并拍照回复，使质量员完成问题的复查。整个管理过程都线上完成、工作闭环，使公司监管人员也能了解现场质量检查的真实情况。

在项目质量验收过程中，通过在现场实测实量工作中运用智能靠尺、回弹仪等硬件，质检员单人即可一键操作，多次测点信息上传数据，实现对墙柱垂直度、平整度和地面平整度等的快速自动测量。如图5.6-39所示。

图5.6-39　质量管理及验收

测量结果传输至手机APP，实时计算合格率，结合质量管理系统，实现数据统计分析，报表一键输出，现场进度快慢、实测数据好坏一目了然。其可提升了建筑品质，保障了工程项目高质量交付。如图5.6-40所示。

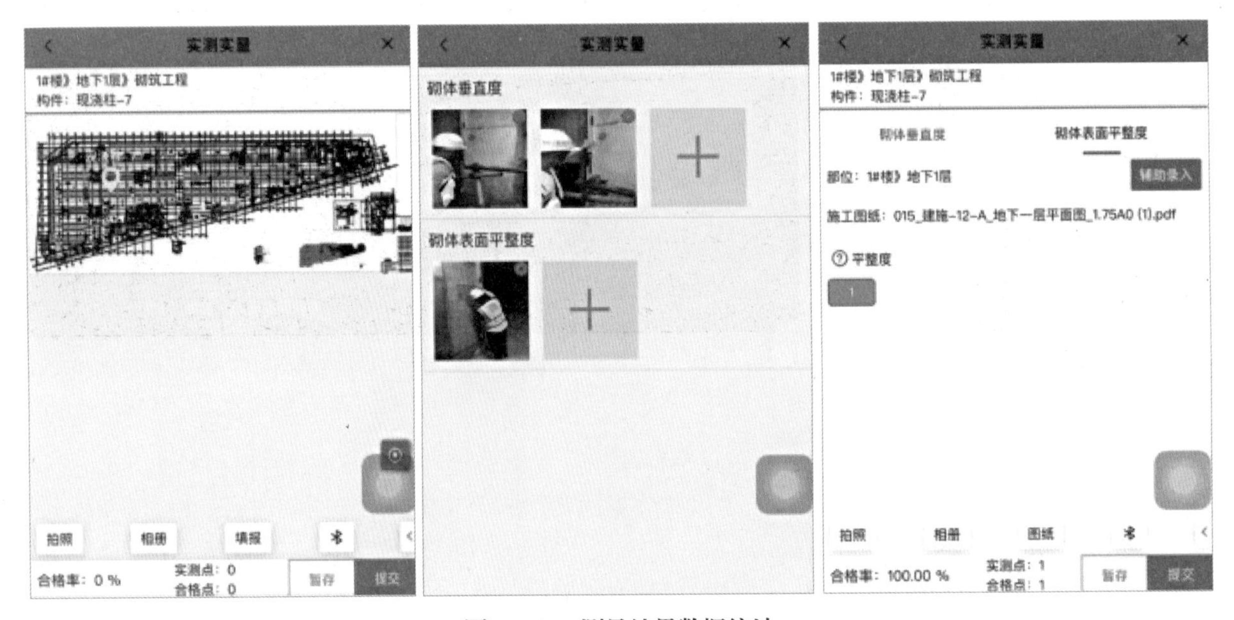

图5.6-40　测量结果数据统计

5．施工进度

项目生产进度管理以总控计划为核心，在各个施工阶段逐步细化。具体到日常行为中，它主要是以具体的工序任务项为主，进行现场跟踪管理，然后定期进行生产例会总结的一个业务闭环过程。总控计划采用斑马网络计划编制，生产任务在网页端发布，现场采用移动端APP跟踪进度，生产例会中以数据说话，最终自动输出相应的生产资料。如图5.6-41所示。

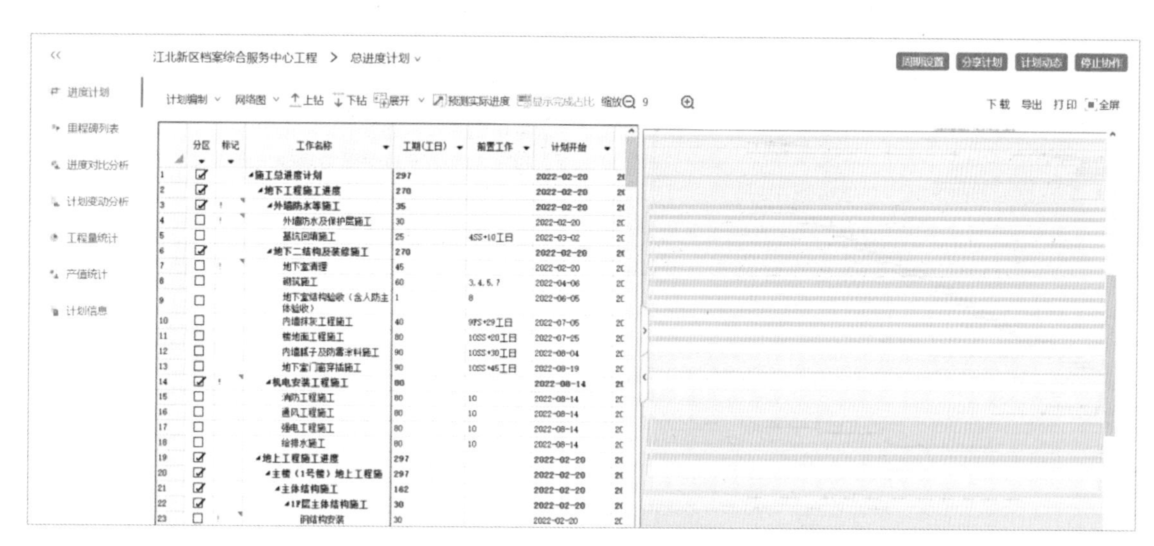

图5.6-41　施工进度控制

6．施工物料管理

运用物联网技术，物资部通过在地磅周边布设硬件，智能化管理现场材料进出场，通过智能化软硬件系统对接地磅，智能监控作弊行为，帮助项目提升过磅的效率。如图5.6-42所示。

图5.6-42　施工物料管理

云端自动同步留存电子磅单，对于一些有问题的磅单重点标注，电子磅单带有实时称重截图和抓拍图片，为材料员复查提供有效的数字化证据，也避免与供应商扯皮。

对于一些非称重的材料，采用移动验收APP进行实时记录点验结果。例如对直条钢筋，通过智能钢筋点根，利用手机拍照，AI智能识别其中钢筋数量并标注，提升项目人员工作效率及数据准确性。结合手机移动验收与过磅验收，实现物资进出场全方位精细管理。如图5.6-43所示。

图5.6-43　移动验收APP进行实时记录点验

7．BIM应用及技术

借助BIM对土建、机电等各专业整合进行碰撞检查，根据净高要求和管线综合布置实施规则进行深化工作，深化过程中发现地下室管综与结构专业之间的隐性问题40余处。同时梳理整理问题，及时反馈给设计单位，进行及时沟通和设计优化变更。如图5.6-44所示。

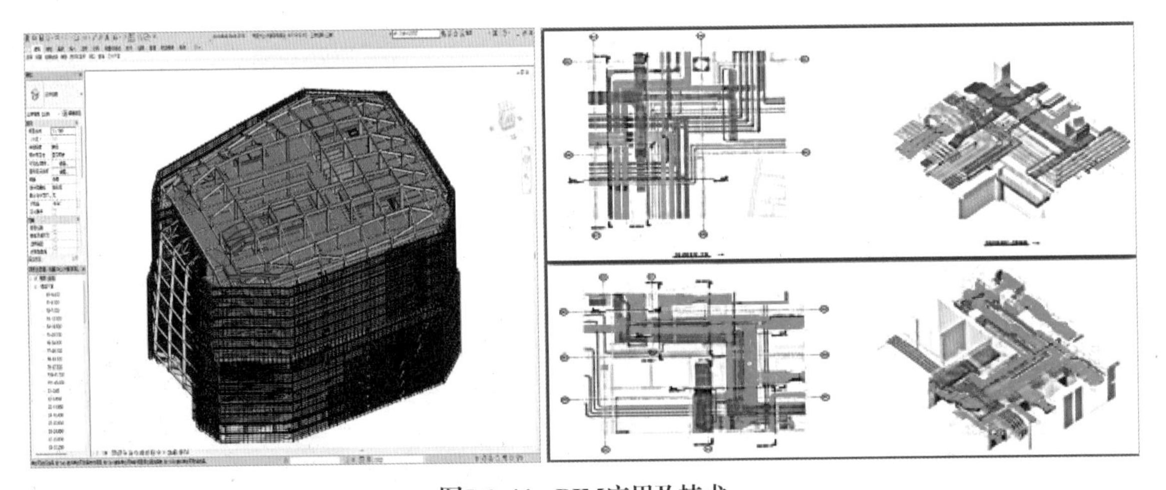

图5.6-44　BIM应用及技术

8．信息集成

项目技术员根据现场管理需求，将构件属性、三维模型、施工流程、施工样板、检验报告、整改单，塔式起重机司机、信号工、维保等信息，重难点施工工艺模拟动画及720°全景漫游链接植入到二维码中，管理人员通过手机扫描二维码即可获得相应的资料、图像、视频等信息。

9．智慧党建

项目充分发挥基层党组织战斗堡垒作用和共产党员先锋模范作用，成立之初就第一时间成立项目党支部，把握“党建+项目”模式，立足支部工作实际，以习近平新时代中国特色社会主义思想为指导，加强组织建设，发挥组织优势，开展党员教育、思想文化建设和群团统战工作。

借助智慧工地平台，实现党员信息录入，展示项目党支部活动新闻、党员风采和党课学习评分排名等，助力项目部、党支部进行党务工作的日常管理及活动开展。

在智慧工地平台中展现组织生活，从组织对接、工作对接、制度对接、活动对接四个方面入手，实现“党建+资源、党建+生产、党建+安全、党建+服务、党建+阵地”，从不同层面、不同环节将党建工作与业务工作相结合，从体制机制上保证党建工作和业务工作的深度融合。如图5.6-45所示。

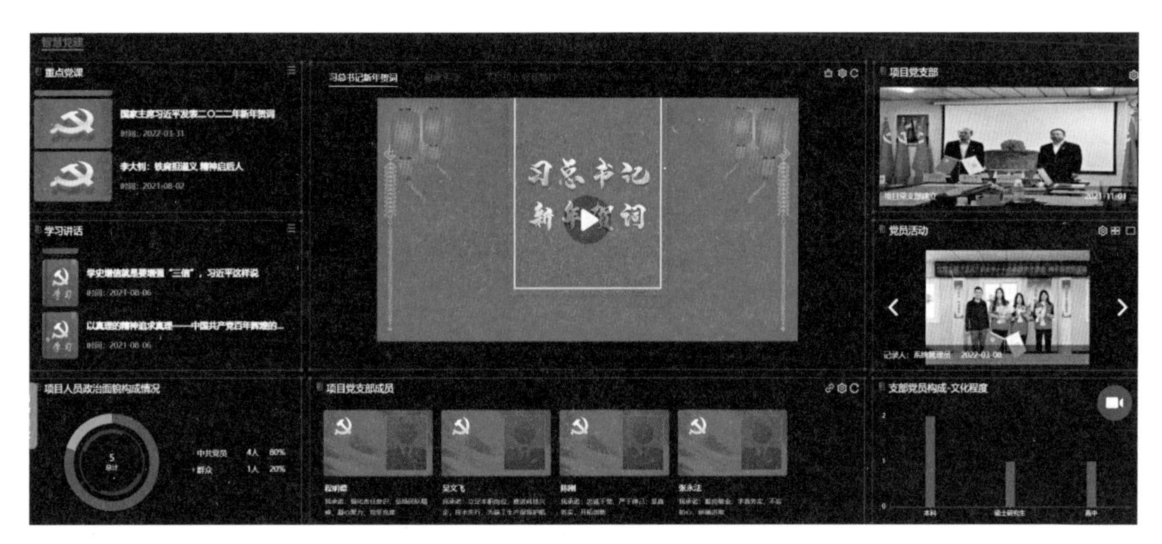

图5.6-45　智慧党建

（三）建设成效

1．持续推进BIM+智慧工地应用

在主体、装饰施工阶段拓展智慧工地模块应用类型，全面保障现场施工安全。以BIM+智慧工地为引领，加强生产与物资、商务结合联动，强化项目数字化建造质量，提升项目管理质量，加快施工效率，形成相关科技成果，促进建筑行业发展。

2．严格执行智慧工地建设标准

学习江苏省智慧工地建设标准，持续优化智慧工地体系建设，做好各项平台对接维护及硬件设施管理，深入执行智慧工地建设标准，打造公司内部智慧工地示范项目。

五、南京阿里巴巴江苏总部项目

（一）项目概况

南京阿里巴巴江苏总部项目施工总承包工程位于南京市建邺区河西南板块，庐山路与友谊街交汇处。工程分为B、C、AD三个地块，紧邻南京地铁7号线和S3号线，总用地面积约15万平方米，总建筑面积约85万平方米，总合同额44.5亿元。项目包含科研设计、生态办公、人才公寓、零售商业及附属配套等功能，楼宇之间通过智慧连廊连接，打造基于智慧建筑理念的互联网产业社区，有力支撑互联网企业本地化落地和产业链发展，成为生态圈产业互动的集聚地。项目建成后将成为南京市建邺区新的地标性建筑。

阿里巴巴江苏总部项目部成立以来，项目部深化内部安全管理，以贯彻“消除一切隐患风险，确保全员健康安全”方针为目标，拓展安全生产管理工作新思路，精心组织，精心施工，全面落实各级人员的安全职责，积极消除职业危害及各种不安全状态、行为，圆满完成了各项生产任务，配合做好了2022年江苏省建筑施工安全生产月启动仪式现场直播的工作。

（二）建设内容

阿里巴巴江苏总部项目的智慧工地系统分为前端数据采集子系统、网络传输系统和后端集中管理平台三大部分。前端数据采集子系统可以实时准确地将施工机械运行状况、工地现场环境、进出工地人员信息和施工管理人员工作情况采集并上传至后台管理系统；网络传输系统结合施工工地实际情况，采用无线技术将前后端数据准确无误、无延时地传输；后端集中管理平台能够汇聚各子系统数据，过滤出有效信息，以直观可视化的方式提供给项目管理者，帮助项目人员进行管理和辅助决策。

1．无接触司机防疫系统

针对进入工地的大货车、材料运输车、混凝土搅拌车等车辆，阿里巴巴江苏总部项目部在全市率先投入使用了最新研发的无接触司机防疫系统，这一系统的使用将大大减轻项目部对进入工地的车辆司机的防疫管理压力。如图5.6–46所示。

图5.6–46　无接触司机防疫系统

（1）外来车辆进入项目施工现场时，司机无需下车进行登记，只需通过扫描工地门口的二维码进行线上资料填报，填报信息包括健康码、行程码、新冠疫苗接种情况、48小时内核酸检测报告等4项内容，填报完成并提交后，系统可自动审核以上4项内容是否符合要求，审核通过后，道闸可自动开启放行。与此同时，保安及值班人员可通过手机端接收到司机提交的信息以及其是否符合要求。

（2）此系统实现了外来车辆司机与项目部保安的无接触防疫例行检查，可实现自动化、无人化管理，减轻了项目部对外来车辆的防疫压力，避免了司机与值班人员的交叉感染。

（3）本系统可以保存项目部所有外来车辆司机的人员信息及健康码、行程码、新冠疫苗接种情况、48小时内核酸检测报告等，实现了数据的可追溯，配合场所码的同步使用，可实现人员的可追踪。

2．VR在线安全教育体验馆

本项目建设体量大，进场人员多，现场所有人员进场后需进行进场教育、三级教育。项目设置了多人VR安全教育体验馆，对所有进场人员可进行批次的沉浸式安全教育操作场景体验及技术交底等，并可通过系统自动对教育学习记录进行实时上传并留档，与人员实名制系统进行了自动关联绑定，解决了传统体验馆的利用率低、排队时间长、教育记录手动上传工作量大等问题，同时还可结合项目要求，在场景体验后设置考核环节，将考核结果与个人信息绑定并留存，真正实现了在线教育的价值。如图5.6–47所示。

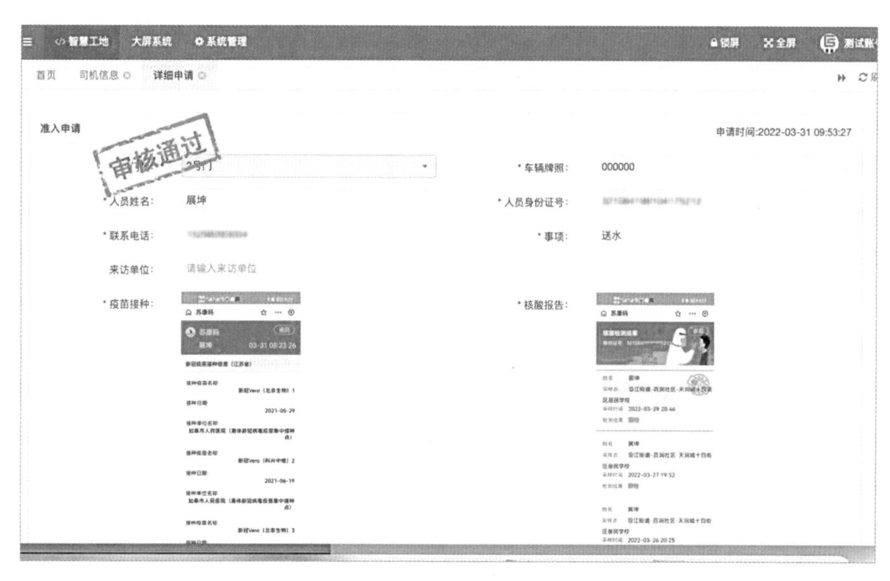

图5.6–47　VR在线安全教育体验馆

3．扬尘管控与车辆智慧清洗监管系统

本项目建设有7套扬尘噪声监测子系统及5套车辆智慧清洗监管系统，扬尘噪声监测子系统是建设工程扬尘噪声可视化系统数据监测和报警展示的平台端与监测设备端。通过监测设备，对建设工程施工现场的气象参数、扬尘参数等进行监测与显示，可实现对建设工程扬尘监测设备采集到的PM2.5、PM10、TSP等扬尘数据、噪声数据、风速、风向、温度、湿度和大气压等数据进行展示，并对以上数据进行分时段统计，对施工现场视频图形进行远程展示，从而实现对工程施工现场扬尘污染等监控、监测的远程化、可视化。设备终端可以根据设定的环境监测阈值，与施工现场的围挡喷淋、雾炮机等喷淋装置联动，在超出阈值时自动启动喷淋装置，实现喷淋降噪的功效。同时还可通过安装远程控制终端，结合施工现场的塔式起重机喷淋，通过手机APP即可实现无线控制塔式起重机喷淋的启动和暂停。

车辆智慧清洗监管系统结合施工现场车辆冲洗装置，对离场车辆进行实时探测、自动识别和抓拍未冲洗车辆，对号牌不清、污损、破损、遮挡号牌车辆实时抓拍。在施工现场有出场未冲洗情形时，通过系统消息、短信等方式通知现场责任人采取相应应急措施，并同时通过系统消息、短信等方式通知相关监督人。如图5.6–48所示。

图5.6–48　车辆智慧清洗监管系统

4．人员动态信息管理系统

本项目结合已有的人脸识别实名制考勤管理系统，结合建筑工程行为记录管理系统，形成了人员动态信息管理系统，主要为切实提高工人安全意识，杜绝现场违章作业，表彰工人安全行为，激发工人参与安全生产的积极性，引领全体员工从自我做起，建立全体员工广泛参与、相互监督的安全自控体系，筑牢安全防线，发挥安全奖罚的正向激励作用，降低违章作业行为发生频次，及时发现现场安全隐患并落实整改，持续提高现场安全管理水平，营造项目特色安全文化。通过线下调研中建八局的“行为安全之星”的活动细则及实施规范，利用互联网思维将“行为安全之星”做到线上，并结合VR在线安全教育体验系统，利用互联网信息化手段记录行为数据，以提升现场劳务安全管理水平。如图5.6–49所示。

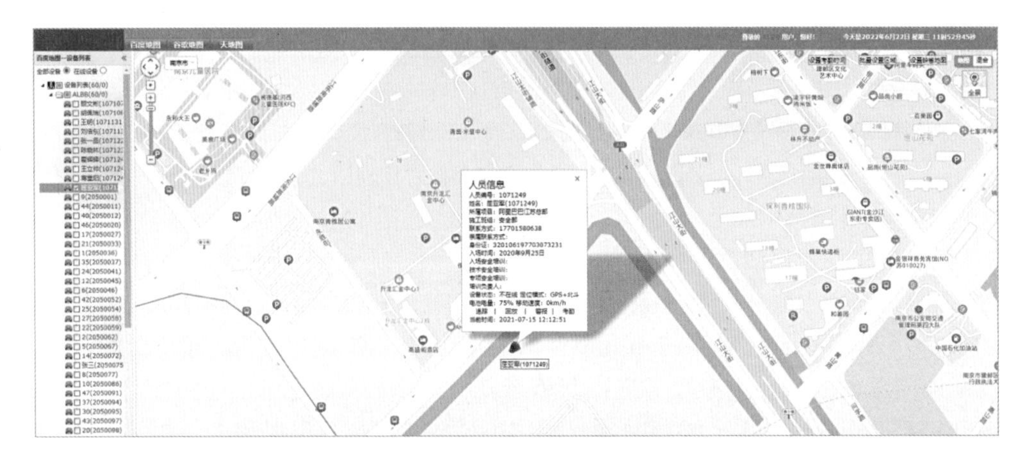

图5.6–49　人员动态信息管理系统

5．大型机械设备安全运行状态监测系统

本项目包含塔式起重机安全监控系统及吊钩可视化系统。塔式起重机安全监控系统是独立不属于塔式起重机的安全监测监控系统，其应用于塔式起重机防超载、特种作业人员管理、塔式起重机群塔作业时的防碰撞等方面，为降低安全生产事故发生、最大限度杜绝人员伤亡发挥着重要的作用。塔式起重机吊钩视频子系统通过精密传感器，实时采集吊钩高度和小车幅度数据，经过计算获得吊钩和摄像机的角度和距离参数，然后以此为依据，对摄像机镜头的倾斜角度和放大倍数进行实时控制，使吊钩下方所钓重物的视频图像清晰地呈现在塔式起重机驾驶舱内的显示器上，从而指导司机的吊物操作，极大地提高了司机操作的安全性。视频图像存储于设备内置的固态硬盘中，便于事故原因定位，同时也可通过无线网络传送到地面项目部和远端监控平台，以构建完备的塔式起重机安全监控平台。如图5.6–50所示。

6．安全质量隐患排查及巡检系统

项目部保障安全投入，设置安全管理部，总包及分包单位配备安全管理人员，确保安全生产工作“层层负责、人人有责、各负其责”。所有单位均在项目部的统一安排下组织安全生产活动。项目统一使用安全质量隐患排查子系统，该系统主要是为提高项目检查完成率、降低项目安全隐患而设计的一款移动端建筑信息化系统。安全检查人员能够通过移动端发布项目需整改的安全检查事项，实时跟进项目的整改情况，对问题的整改过程进行跟踪、指导以及最终确定闭环，从而为项目的安全实施提供支持。移动巡更系统不需要在项目现场安装硬件设备，是可以安装在任何智能手机和计算机Web中显示的施工管理系统，用于帮助施工管理方解决施工作业方式难以有效监督和绩效评估、信息反馈滞后难以分享给相关的管理人员、巡检结果难以分析等诸多问题。如图5.6–51所示。

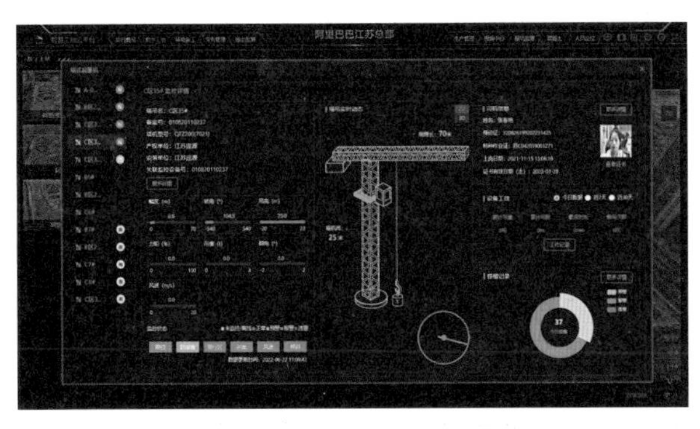

图5.6-50　大型机械设备安全运行状态监测系统

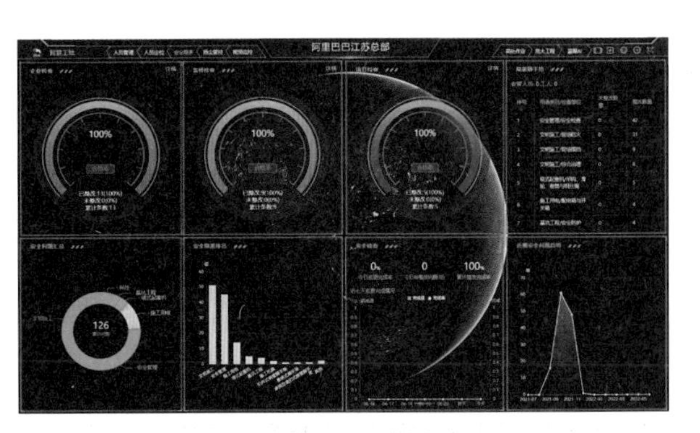

图5.6-51　安全质量隐患排查及巡检系统

7. 智能AI监控

本项目计划投入使用智慧视频设备，将原有的普通视频监控设备重新利用，周转至本项目现场，针对原项目实施过程中遇到的“人盯人”式管理难度大的问题，结合AI系统进行自动识别报警。平台支持各类视频图像数据接入，可执行内容解析、安全帽/反光衣/护目镜特征识别、行为/事件检测等多种智能化应用，同时也是一款集自动化、智能性于一体的视频大数据处理平台。平台可为管理部门提供直接的现场隐患结果，实现结构化数据的输出，提升项目管理层对上层视频进行深度应用的能力，为构建施工现场智慧大脑提供关键技术支撑。如图5.6-52所示。

8. 人员定位系统

工地安全帽定位子系统由安全帽型GPS/北斗定位终端、GPRS无线传输系统和工地智能定位服务器三部分构成，将高灵敏度GPS/北斗模块及GPRS模块内置于安全帽中，通过运营商GPRS信道传输GPS/北斗数据至工地智能定位服务器。该GPS/北斗模块适用于各种安全帽和头盔，不需要更换原有安全帽和头盔即可实现定位功能，充分保护用户原有投资。基于移动通信网络的GPS人员管理系统，采用先进的卫星全球定位系统，结合GIS（地理信息系统）和GPRS移动通信网络，实现GPS实时定位和监控人员，加强了对人员的管理，提高人员管理的效率，并能提高人员的安全性和处理突发事件的能力。如图5.6-53所示。

9. 临边周界防护系统

工程施工现场四口、五临边，如预留洞口、电梯井口、通道口、楼梯口以及破损护栏等位置容

图5.6-52　智能AI监控

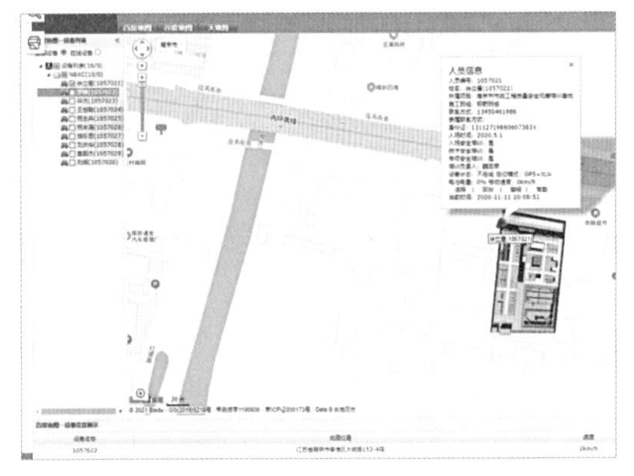

图5.6-53　人员定位系统

易发生人员跌落等安全事故。便携式周界防护子系统可以在这些危险区域及时探测人员，并警告人员注意安全，起到安全防护的作用。如图5.6–54所示。

10．混凝土数字化指挥中心

针对阿里巴巴江苏总部工程体量大、三个地块同步施工的特点，项目部建立混凝土数字化指挥中心和指挥调度中心，做到施工单位与混凝土厂家的无缝对接。同时可实现混凝土计划、生产、运输、现场浇筑、养护、检测的可视化管理。通过对进场混凝土运输车辆的管理，提升安全文明管理水平。如图5.6–55所示。

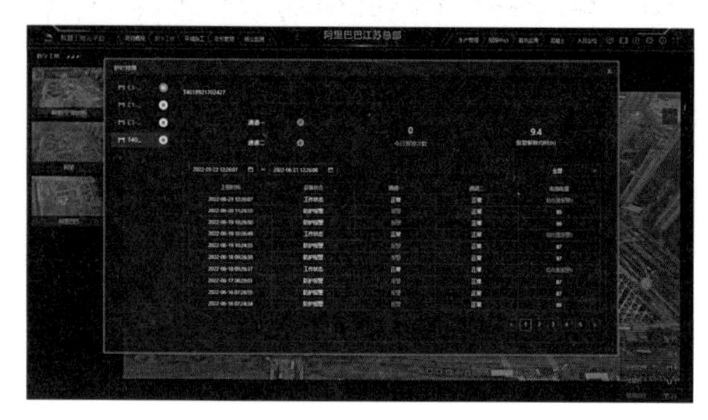

图5.6–54　临边周界防护系统

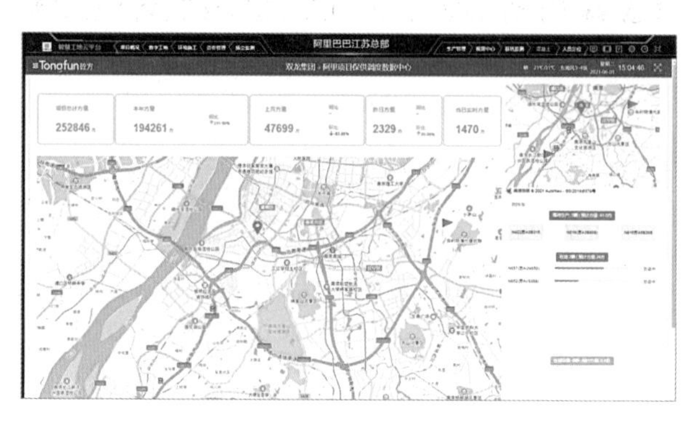

图5.6–55　混凝土数字化指挥中心

（三）建设成效

本项目通过智慧工地系统的建设，为项目现场工程管理提供了先进技术手段，构建了工地智能监控和控制体系，有效弥补了传统方法和技术在监管中的缺陷，实现了对人、机、料、法、环的全方位实时监控，变被动“监督”为主动“监控”。通过智慧工地项目的实施，可以将施工现场的施工过程、安全管理、人员管理、绿色施工等内容，从传统的定性表达转变为定量表达，实现工地的信息化管理；通过物联网的实施，能将施工现场的塔式起重机安全、施工升降机安全、现场作业安全、人员安全、人员数量、工地扬尘污染情况等内容进行自动数据采集，对危险情况自动反映和自动控制，并对以上数据进行记录，为项目管理和工程信息化管理提供数据支撑，真正体现“安全第一、预防为主、综合治理”的安全生产方针。

第七节　智慧工地与智慧企业

一、智慧企业的概念

智慧企业是在企业数字化改造和智能化应用之后的新型管理模式和组织形态，是先进信息技术、工业技术和管理技术的深度融合。智慧企业建设不仅可以促进企业内部生产关系的转型升级，完成与“互联网+”社会生产力的和谐对接，还能进一步释放企业员工的创新创效活力，为企业提供可持续发展的源动力。

二、智慧工地与智慧企业的关系

项目是建筑企业经营最基本的管理单元，是所有项目管理活动的数据来源。智慧工地建设本质上是为了建设智慧企业服务的，工地智慧化程度的提高会逐步推动企业的智慧化，企业的智慧化提升也是为了智慧工地能够可持续发展，更加具有生命力。

三、项企融合应用场景

项企融合的应用场景主要分为人员管理项企融合、机械管理项企融合、物料管理项企融合、进度生产项企融合、质量安全管理项企融合五个方面。如图5.7–1所示。

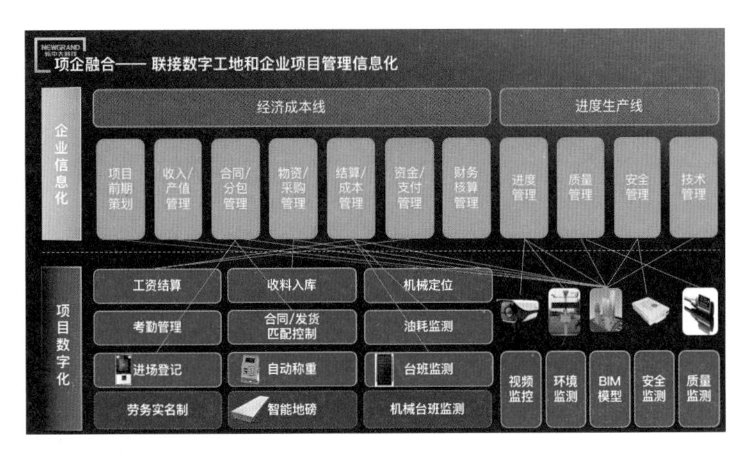

图5.7–1　项企融合的应用场景

（一）人员管理项企融合

人员管理的数据包含人员数据、考勤数据、文明施工行为数据，源头数据通过物联网设备来实现自动采集和展示，要发挥更大的管理价值就需要项企融合。

人员管理项企融合点主要为：人员是否满足准入条件根据人员所在参建单位是否与项目有分包合同关系来控制；考勤数据根据工资单价生成工资结算数据，与成本管理中的人工成本关联比对；人员考勤出工情况与进度计划中劳动力投入计划比对，分析进度偏差风险；人员安全文明施工行为通过自动AI抓拍识别并生成相关处罚单。如图5.7–2所示。

（二）机械管理项企融合

机械管理的数据包含监管机械运行状态监测数据、台班监测数据、油耗监测数据，固定机械设备监管主要以安全监管为主，移动机械设备监管主要以机械使用成本监管为主。

机械管理项企融合点主要为：机械设备进场与机械租赁合同关联，并进行准入控制；机械设备台班数据同步到租赁合同结算，提供租赁结算依据；机械油耗监测提供机械使用费成本依据；机械退场与租赁退租关联。如图5.7–3所示。

（三）物料管理项企融合

项目部物料管理应用主要分为物料出入库验收和保管、物料质量检验两个方面。项目部现场物料管理是整个物料供应链的其中一个环节，要降低现场物料管理风险，降本增效，需要持续实现供应链产业协同。如图5.7–4所示。

物料管理项企融合点主要为：标准物料编码库集团统一发布，物料进场与采购合同关联，控制材料准入，从源头把控材料成本；物料进场与供应商发货单关联，物料质量检验与材料验收关联，追溯材料质量和物流；物料现场领用消耗与材料费成本关联，企业实时掌握材料实际成本；材料入库数据与采购合同结算数据同步，自动物流、合同流、发票流匹配，三流合一。如图5.7–5所示。

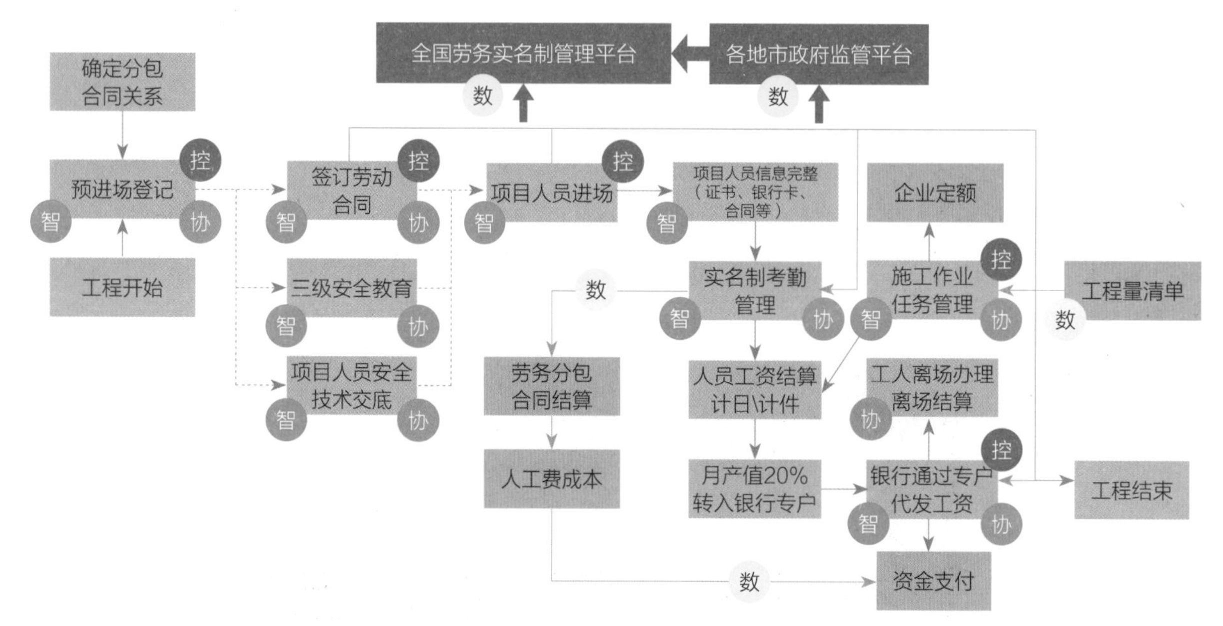

图5.7–2　人员管理项企融合

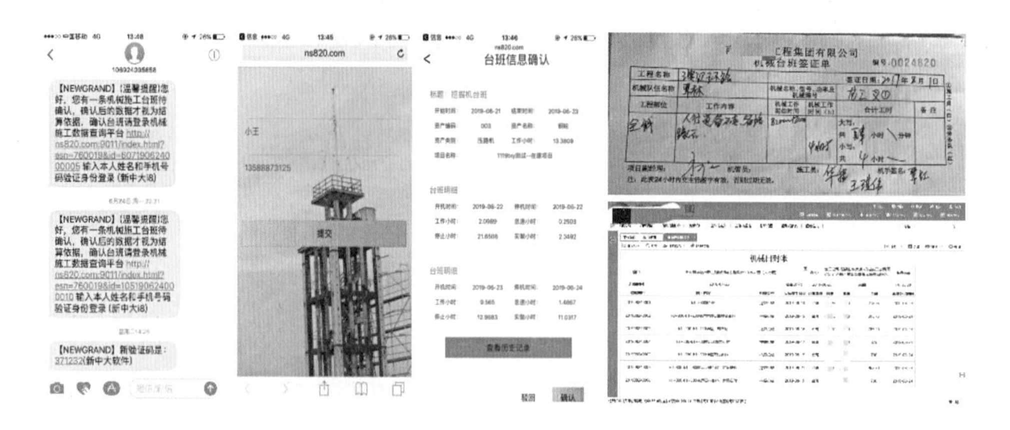

图5.7–3　机械管理项企融合

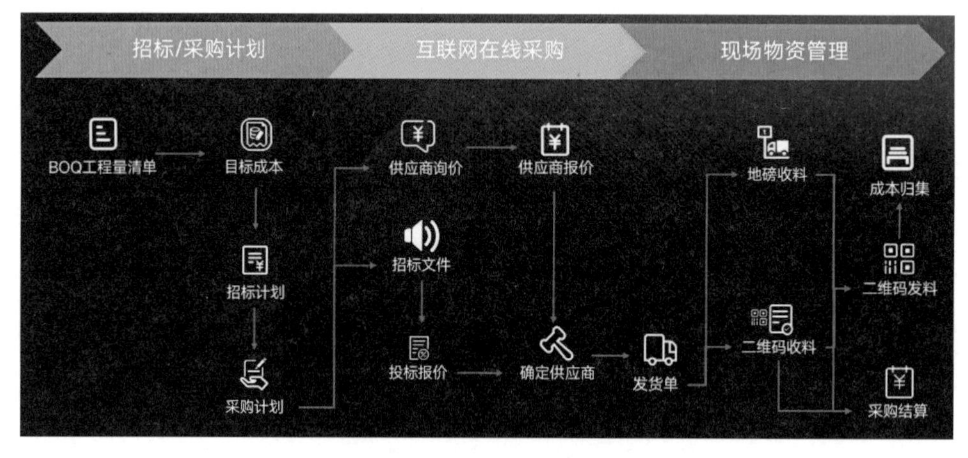

图5.7–4　项目部物料管理应用

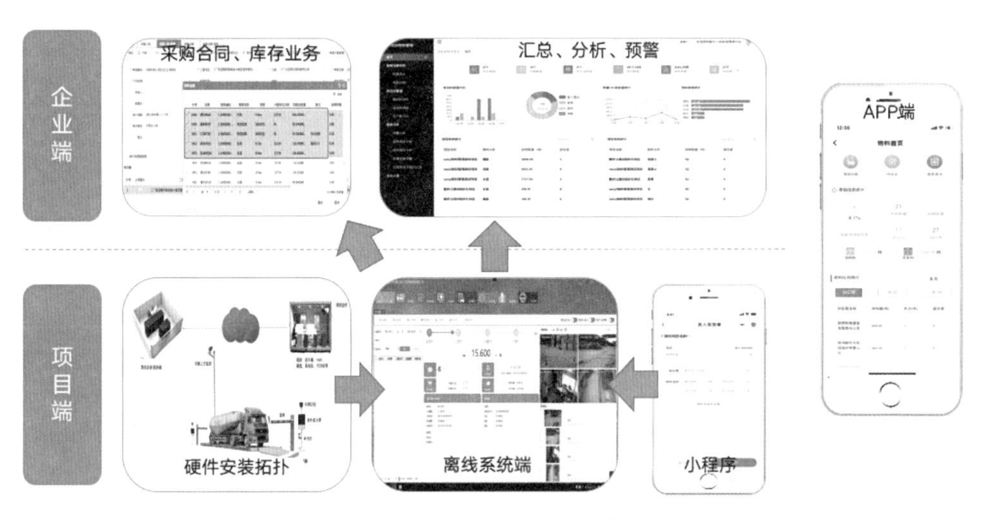

图5.7-5　物料管理项企融合

（四）进度生产项企融合

项目部生产过程围绕进度管理展开，“人、设、物、环”对进度都有直接影响，且项目进度直接影响项目成本和项目合同款回收。

进度生产项企融合点主要为：人员考勤数据反映出的劳动力投入与进度计划中的劳动力计划关联；设备进场情况与进度计划中的设备进场计划关联；物料消耗以及物料进场情况与进度关联；进度管理与质量验收、安全风险识别及隐患排查关联；进度管理与项目部成本及资金回收关联。如图5.7-6所示。

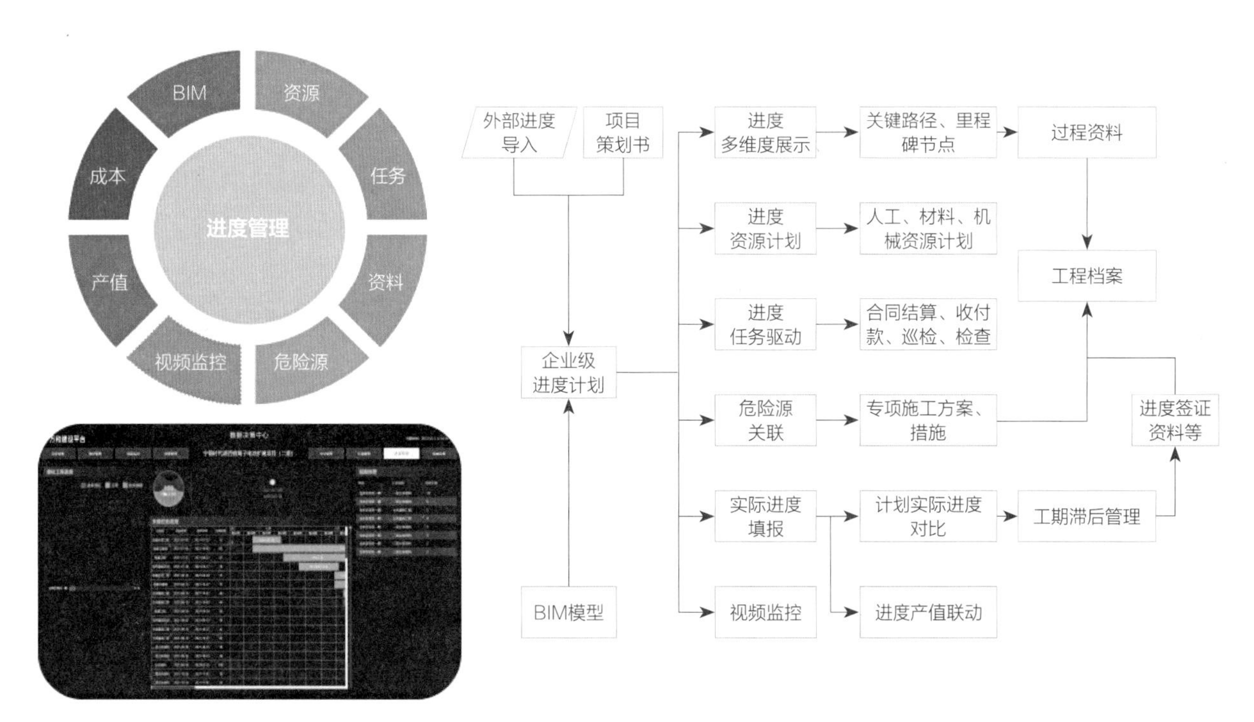

图5.7-6　进度生产项企融合

（五）质量安全管理项企融合

质量安全现场管理过程除了满足国家规范和标准外，还需要满足企业标准。除了应用各种智能物联设备完成质量安全的自动监测采集，企业质量安全管理标准库的建立也尤为重要，其能为项目部赋能，提高项目部质量安全管理水平。质量安全管理项企融合的核心在于企业质量安全标准库的建立和动态管理。如图5.7–7所示。

图5.7–7　质量安全管理项企融合

第六章　智慧工地与智能建造

第一节　智能建造的概念

智能建造，是指建筑工程项目在建设全过程中，运用BIM软件等工程软件、智能装备与设备、智能化技术与手段（包括智能穿戴设备、建筑机器人、混凝土智能检测、3D打印技术等），提高工程施工效率，从而实现新型建筑工业化的重要手段。

第二节　智慧工地与智能建造的关系

智能建造与智慧工地相辅相成，二者均着眼于工程项目的施工建造阶段，均在项目的工地范围内建设与应用，均以提高项目建设的智能化水平和项目实施效率为目标；但现阶段二者仍有差别，智慧工地重点关注工程项目施工的全面化监测与管理，而智能建造则致力于工程项目施工手段与方法的优化，所以，智能建造是促进智慧工地在施工手段、建造设备与技术等方面的进一步延伸和升级，是面向智慧工地的工程物联网。

第三节　应用场景

智能建造的应用场景主要体现在：面向人机共融的智能化工程机械、面向智能决策的工程大数据、面向绿色建造的低碳控制、面向用户的数字交付。

一、面向人机共融的智能化工程机械——智能设备

（一）建筑测量机器人

自行走建筑智能测量机器人产品是针对分户验收阶段房屋检测工作的实测实量机器人。测量机器人内置高性能处理器，可对激光雷达传感器、深度摄像头传感器、超声波传感器等各类传感器接收的数据进行采集、过滤和融合操作，能高效准确地输出机器人的位置信息和周围环境信息，进而实现机器人自动导航功能。激光扫描仪内置嵌入式边缘加速算法（CV/CG& AI）以及深度优化并行异构计算能力，可迅速分析3D点云并且输出墙壁、顶棚、地面、窗口和门洞口位置，实时精确测算出实测实量所需各种指标的数据。如图6.3-1（a）所示。

其能够满足建设单位的项目负责人员及物业公司的验收需求，集实测实量、规划路径、导航避

障、实时监控、报表定制、3D建模等功能为一体，在结构、砌筑、抹灰、安装、精装不同阶段，对平整度、垂直度、阴阳角度、水平极差、进深、开间等客观标准数据进行实测实量，查找空鼓、开裂、掉漆等主观判断数据，一键生成定制的实测实量表格，自动识别墙壁、地面、门窗和顶棚，导入三维扫描模型，对提高验收工作的效率、提升验收质量具有重要意义。

（二）地坪施工机器人

激光地面整平机器人：是应用于混凝土浇筑后，对地面进行高精度整平施工的设备。运用四轮小车+刮板执行机构、遥控技术、无人导航技术，具备操作简单、施工质量好、平整度误差小、地面密实均匀、施工效率高、体积小、灵活多变等优势，架设激光发射器，提供基准平面；刮板保持高度作业，不受小车起伏影响，保证平面质量。在混凝土浇筑阶段，将混凝土铺抹到地面基层时，或将混凝土全部铺抹到地面基层后，根据激光地面整平机器人标高确认方法调整整平高度，操作员遥控进行振捣整平，同时工人配合机器修整边角。如图6.3–1（b）所示。

履带地面抹平机器人：是应用于混凝土地面初凝后，对地面进行提浆、收面、压实等的施工设备。运用履带+顶升+摇臂作业、遥控技术、无人导航技术，实现抹平机构可抬升；旋转抹盘可俯仰方向调整，模拟人工动作；摆动作业，模拟人工施工模式，一般在混凝土浇筑后4～5个小时进行第一遍抹平施工，而后每30～60分钟进行一次抹平。在混凝土浇筑整平后，或耐磨材料均匀撒布在混凝土表面后，使用履带地面抹平机器人进行提浆压实作业，使耐磨材料与基层混凝土浆结合在一起。如图6.3–1（c）所示。

地面抹光机器人：是应用于混凝土初凝后的抹光施工，对地面进行收光、压实的施工设备。运用刀盘旋转作业+双盘姿态变化行走、遥控技术、无人导航技术，实现无脚印痕迹、施工质量优的效果。一般在混凝土抹平工序结束后半小时进行第一遍抹光操作，而后每隔半小时进行一次抹光施工。提浆抹平结束后，使用地面抹光机器人进行研磨抛光，分多阶段作业，经过多阶段研磨抛光作业后，在最后一次收面时，地坪逐渐达到反光效果。如图6.3–1（d）所示。

（a）　　（b）　　（c）　　（d）

图6.3–1　施工用机器人

（a）建筑测量机器人；（b）激光地面整平机器人；（c）履带地面抹平机器人；（d）地面抹光机器人

（三）蓝牙数显智能回弹仪

蓝牙数显智能回弹仪是针对混凝土强度检测阶段的智能设备。其满足混凝土强度检测阶段的准确读值、自动计算构件混凝土强度的要求，利用蓝牙与公司管理平台对接，实现了对于项目现场混凝土质量的实时管理。混凝土强度回弹值测量、推定值计算，与管理平台对接，APP实时查看，并将构件列表、构件详情等测量结果进行标准化表格导出。如图6.3–2所示。

（四）混凝土坍落度检测设备

混凝土坍落度检测设备是用于检测常规泵送混凝土坍落度的智能化设备，可实现对混凝土坍

图6.3-2　蓝牙数显智能回弹仪

图6.3-3　混凝土坍落度检测仪

落度数据的自动测量。设备本地可进行一键测量、数据查看以及数据校准等，与配套APP联动，通过蓝牙可实现数据联网、数据管理以及同混凝土全生命周期管控联动。该设备使用高精度激光传感器，配合测量算法，针对混凝土坍落度检测的特定场景而设计。如图6.3-3所示。

（五）智能混凝土振动台

智能混凝土振动台包括混凝土振动台智能控制箱和新式混凝土振动台，主要适用于试验室，现场工地做试件成型和预制构件振实，如各种板、柱、梁等。其中，混凝土振动台智能控制箱适用于额定电压220V的各类混凝土振动台；新式混凝土振动台可对三种常见的试模类型进行构件振实成型。控制箱与改造后的振动台配合，四种控制模式可分别针对各类混凝土试模型号，达到对试模的振实功能。如图6.3-4所示。

（六）智能混凝土入模温度检测仪

智能混凝土入模温度检测仪主要适用于施工现场混凝土入模温度数据的测量。其通过蓝牙实现与配套APP进行数据通信传输，并能接受配套APP的相关指令要求。该设备采用PT100温度传感器，配合高精度信号检测模块，实现对混凝土入模温度的精准测量。相比于传统温度仪，实现了数据联网、更高精度、更快测量的突破。如图6.3-5所示。

图6.3-4　混凝土振动台智能控制箱

图6.3-5　智能混凝土入模温度检测仪

二、面向智能决策的工程大数据——人工智能技术

产业互联网时代，物联网、智能传感器、智能建造等海量数据资源的汇聚成为产业数字化转型

的现实基础。对企业来说，实时、准确、可靠的数据收集和分析研判，决定了企业的内部效率提升能力和对外服务能力。未来，具备数字管控、数字产出能力，势必成为实现企业数字化转型的核心竞争力。

（一）远程塔式起重机人机交互技术

远程无人塔式起重机智能控制系统由多目立体视觉模块、多传感器检测模块、通信模块、塔上信息处理模块、定位防摆控制模块和遥操作模块组成，包括监控摄像头、双目摄像头、遥操作杆、监控设备、服务器、5G无线通信装置、近程无线通信装置、距离传感器、重量传感器等设备。操作人员在地面控制室内远程监控塔式起重机的工作状态，遥控塔式起重机作业，极大地提高了塔式起重机施工作业的自动化水平，减轻操作人员的劳动强度，并为塔式起重机施工提供安全保障。如图6.3-6所示。

（二）混凝土智能浇筑技术

采用混凝土智能浇筑自主作业的控制模式，既充分发挥机器人自主作业的优势，又最大限度地保障人员和设备的安全。操作人员通过遥控操作方式调整布料杆各关节初始角度，将布料机末端布料软管送至待浇筑区域。到达自主作业工位后，根据预先获得的期望浇筑轨迹，通过软件在线分析，计算控制臂架各关节角的转动，从而完成浇筑轨迹跟踪、躲避障碍物、抑制末端软管振动等作业任务。为实现高精度的轨迹跟踪、避障和振动抑制等功能，需要综合应用机器人智能控制、三维视觉、多传感信息融合等技术，设计混凝土智能浇筑控制系统。为实现浇筑过程的实时监控，需要综合应用模式识别、计算机视觉等技术，设计智能浇筑一体化监控平台，确保作业过程中人员、设备的安全。即停即启动装置，保证作业现场安全。如图6.3-7所示。

图6.3-6　远程塔式起重机人机交互技术

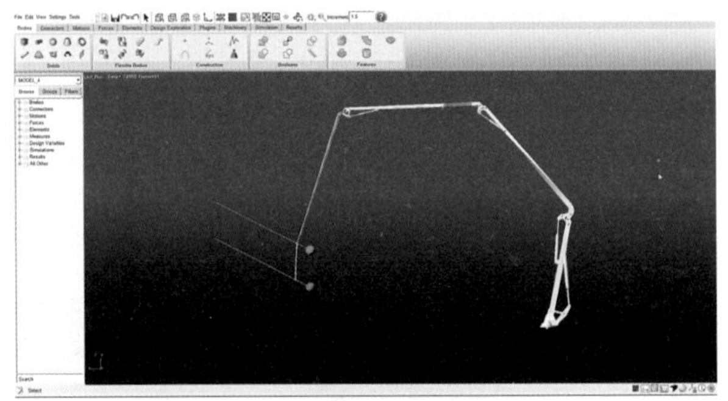

图6.3-7　混凝土智能浇筑控制系统

三、面向绿色建造的低碳控制——3D 打印技术

3D打印运用所需物品的原材料，如金属、粉末、水泥等进行逐层、快速的生产工作，广泛用于建筑行业的设计、施工、管理等方面，其自动化、高效率、丰富的材料给建筑业带来了更多类型的建筑结构，颠覆了传统的土木工程建造技术。3D打印技术解决了现有建筑物形状单一的问题，可以打造出多种多样的建筑。设计师也可先将设计的建筑物模型打印出来，再面对实物进行建筑分析和优化，显示不同建筑类型的可行性，对建筑施工产生较好的指导作用。如图6.3-8所示。

图6.3-8　3D打印技术

四、面向用户的数字交付——BIM 技术的应用

以BIM为三维可视化载体，依托信息化手段，对现场施工数据实时维护，最终形成全面、专业、可信的BIM竣工模型，将隐蔽工程在内的项目实际竣工状态可视化；以建设工程项目为内容，将工程项目建设阶段产生的静态信息进行组织、集中存储和关联，形成数据库，为竣工交付数据的检索、提取提供便捷和保障。与此同时，在工程建造阶段，结合IOT、云数据等技术，对进入工程实体的设备进行动态数据的实时监测与部分设备的反向控制，并且将多垂直系统间的数据流打通，打造工程自身的“数据中台”。在工程项目数字交付过程中，将智能建造中的施工数据和三维可视化BIM模型相结合，有效集成设计、施工、竣工交付过程中的多源信息，将附加的生产安装、技术参数、维保等属性信息与模型绑定，最终展现更为精细、直观的建筑参数、结构关系以及相应的资产信息。打通与管控多系统动态数据，结合数据完整性及存储条件等方面的先天优势，精准形成数据资产。将建筑资产管理作为数字交付的核心增值服务，数字交付作为其数据底板，为后续的数字运维管理和故障排除等提供核心数据支撑。

第四节　发展方向

江苏省在智能建造技术方面已经取得了一些基础性研究成果，智能建造装备产业体系已初步形成，江苏省对智能建造的扶持力度也在不断加大，智能建造正在引领着未来建筑的建造方式。

（1）应努力创建一批先行的物联网技术应用的示范项目。

（2）应加强在物联网技术领域的公共性技术供给力度。

（3）应继续加大资金和技术等方面的投入力度。

建筑行业新的革命已经开始，一个新的时代正在到来，同时智慧工地正在为建筑行业创造快速发展的平台，这些智能建造技术将设计、施工、管理等各方数据整合起来，为建设行业信息化、智能化的转型升级奠定了基础，助推建筑业的高质量发展。